文系でも３時間でわかる

超 有機化学入門

研究者120年の熱狂

諸藤 達也 著

裳華房

はじめに

突然ですが、問題です。
下に箇条書きした一見関係のない様々なものには、ある共通点があります。それは何でしょうか？

・頭が痛いときに飲む薬
・買い物に使うエコバッグ
・いい香りのアロマ
・スマホの液晶画面
・衣類の洗剤

正解は“有機化学”の技術によって生み出されたもの、ということです。有機化学ってなんだよ！と思った方も多いかもしれませんが、有機化学というのは自然科学の一分野で、その中でも最も日常を支える科学なんです。上記の例をはじめとして、有機化学は我々の生活のあらゆるところに関係しており、有機化学なしに現代社会は成立しません。

しかし、有機化学は最初から役に立つ学問だったわけではありません。世界中の数多の研究者が長年心血を注ぎ続けることで、少しずつ発展してきたのです。特に、120年前のある発見から有機化学は爆発的な進歩を遂げることになります。そこには、研究者の血と涙とヒラメキが詰まった様々なドラマがあります。

本書は、そんな有機化学の進歩の歴史を、幅広い方に楽しんでいただけるよう「物語」の形式として執筆した全く新しい入門書です。有機化学の知識が全然なくとも問題ありません。

「最近、化学の勉強を始めたけど意味不明！　いまひとつ興味が持てない……」という高校生から大学生、「研究者ってどんな風に研究しているんだろう？」「有機化学の知識はないけどちょっと興味はある……」という知的好奇心あふれる社会人の皆さま、文理を問わず大歓迎！　この1冊を読む3時間で、有機化学という学問がどんな学問で、研究者が120年間何を目指してきたのかがわかります。

そして、本書を通して、研究者の不可能に挑む熱い生き方が垣間見えるはずです。この物語が、高校生や大学生にとって研究者を志すきっかけになったり、何かに挑戦する社会人の方の背中を押してくれることを願っています。

それでは、
有機化学の世界を辿る旅に
出かけよう！

諸藤達也

contents

はじめに …… iii

第1週 有機化学はつまらない？ 1

1 線一本でノーベル賞 …… 1
2 なぜ六角形をつなぐことが大事なのか？ …… 6

旅支度① 有機化学とは？？ …… 13
旅支度② 構造式に慣れよう …… 17
旅支度③ 炭素にはプラスとマイナスがある …… 20
旅支度④ 炭素と炭素をくっつける …… 26

第2週 六角形をつなぐ旅のはじまり 33

1 ベンゼン環とベンゼン環はくっつかない？ …… 33
2 夜明けを告げるウルマンカップリング …… 36

第3週 未来へ紡ぐ山本明夫 ―働くニッケル― 45

第4週 革命の時 ―熊田・玉尾・コリューカップリング― 53

第5週 周期表の旅人 62

1 熊田・玉尾・コリューカップリングを
超えるために 62
2 周期表を旅する根岸英一 69

第6週 人類の到達点 78

1 最強の鈴木・宮浦カップリング 78
2 最強の反応が変える世界 91

第7週 研究はどのように評価される? 98

1 虎は生まれた時から虎か? 98
2 ノーベル賞は誰の手に? 102

第8週 究極の反応を目指して 107

第9週 火星には旗が立っていた
—ヴァンヘルデン・バーバーグカップリング— 121

第10週 夢の反応 —村井反応— 126

第11週 輝く星 キース・ファニュー 139

第12週 定跡を外すArPTZ+ 147

第13週 旅は終わらない 157

文献 …… 162

あとがき …… 164

special thanks …… 167

本文デザイン／クニメディア株式会社

イラスト／矢野　恵、株式会社ウエイド（関　和之、原田鎮郎）

登場人物紹介

勇樹

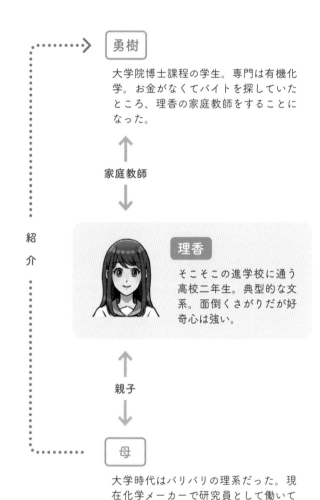

大学院博士課程の学生。専門は有機化学。お金がなくてバイトを探していたところ、理香の家庭教師をすることになった。

↑ 家庭教師 ↓

紹介

理香

そこそこの進学校に通う高校二年生。典型的な文系。面倒くさがりだが好奇心は強い。

↑ 親子 ↓

母

大学時代はバリバリの理系だった。現在化学メーカーで研究員として働いている。

第1週 有機化学はつまらない？

1 線一本でノーベル賞

今回の期末テストの答案を見返すと、やっぱり私は文系人間だな……。

英語77点
国語80点
社会(世界史・日本史)72点、66点

ここまではまずまず……。

数学44点

ギリギリ赤点回避、セーフ……。

理科(化学)25点

トホホ……文句なく赤点。今回の化学は、本当に何にもわかってなかったしなぁ。

てか、そもそもこの化学ってなんなの!? 分子がどうのこうのとか、酸化還元があーだこーだとか！　意味不明なんですけど！

母

あんたねぇ、母さんと違って本当に理系科目が全然ダメねぇ。

げっ！　いたの？　ノックぐらいしてよ。

母

したけど、あんたが一人で大声上げてたの。まったくこの点数……。どうすんのよ、来年の受験。塾行くか家庭教師つけないとね。

ん～……塾は面倒だよ。

母

なら家庭教師でもお願いしようかしらね、いい先生探しとくわ♪

それも面倒……。

あれ？　行っちゃった……。もぉ、無視しないでよ～！

後日、母が探してきた京帝大学の博士課程の学生である勇樹が私の家にやってきた。

勇樹

では、さっそくだけど、この前の期末テストの結果見せてもらってもいいかな？

どうぞ……。

勇樹

……なるほど。
化学の点数がなかなか大変だったね。化学は苦手かな？

……大嫌いです。正直全然意味わかんないです。

勇樹

あぁ～わかるなぁ。僕も“有機化学”を習うまではそんな感じだったからなぁ。

ん？　“有機化学”ってなんですか??

勇樹

そうか！　今の高校生は文系だと、有機化学を習わないんだっけ？
有機化学は一言でいうと「最も日常を支える科学」といえると思う。すごく日常生活に結びついた学問で、慣れると楽しい。その楽しさに魅せられて、僕は大学で有機化学の研究をしている始末だよ。

「最も日常を支える科学」ですか……。ん～、有機化学なんて日常にあります？　いまいちピンとこないです。

勇樹

例えば、薬のほとんどが有機化学の技術によって作られている。他にも香料、農薬、有機ELの材料、プラスチックなども、有機化学なしには存在しえない。
そうだな、ガラスや金属以外の身の回りのものはだいたい有機化学が関連した物質といえると思う。
有機化学はモノづくりの学問だからね。
普段意識することはないかもしれないけど、分子を組み立てることで、いま言ったような役に立つものを実際に作ることができるんだ。

ん～、やっぱりわかんないです。分子を組み立てるってどういうことなんでしょ？

勇樹　**この六角形はベンゼンっていうんだけど、ここに二つのベンゼンがあったとしよう。**
二つの頂点を一本の線でつなぐことができる？

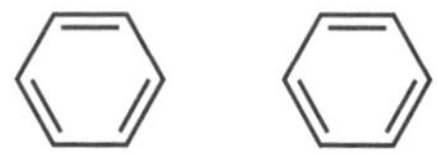

（ん……？　できるに決まってるじゃん？　ひっかけも……なさそう。）

私は恐る恐る、一つの線で二つの六角形をつないだ。

……できました。

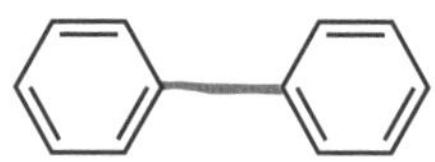

勇樹　**正解！　素晴らしい！　そうやって分子を組み立てて、モノを作るんだよ。**

えっ、こんな簡単なことなんですか？

勇樹　**そうだね、めちゃ簡単そうだよね。このシンプルさが有機化学の美しさかもしれない。でもね、確かに紙の上ではシンプルなんだけど、実際にはとんでもなく難しいのも有機化学なんだ。**
人類の歴史が500万年ある中で、たった120年前まで誰もその線を引くことはできなかったんだ。今もまだ完璧とはいえない。

こんな単純なことがですか??

勇樹　**そう。こんな単純なことが難しかったんだ。どれくらい難しいかというと、うまくベンゼン環とベンゼン環をつなぐ方法を見つけた人はノーベル賞をもらっているよ。**

えぇー！　ノーベル賞？　こんなことが？

私は目を見開き、思わず聞き返してしまった。

有機化学の世界では、この一本の線を引くだけでノーベル賞になるの？
二つの六角形をつなぐことがそんなに大事なの？
そもそも、なぜそんなに難しいの？
難しい問題なのだとしたら、どうやって解かれたの？
様々な疑問があふれる。私は気になったら、どうしてもほっとけない。でも……。

まぁ、私にはわからないんだろうな……。

思わず心の声がもれると、勇樹先生はすぐさまこう言った。

勇樹　**大丈夫！　有機化学はそんな難しいことないから！　わかるまで説明するし！**

私は理系男子の変なスイッチを押してしまったのかもしれない……。

この日から毎週、授業の後に、これらの疑問について、勇樹先生に少しずつ教えてもらうことになる。疑問が解決するたびに、新たな疑問が生まれ、それは“有機化学”の進歩をたどる旅そのものであった。

これは今振り返ると、私にとって未知の世界であった“有機化学”を好きになり始めた瞬間だったのだと思う。

2 なぜ六角形をつなぐことが大事なのか？

そもそも、このベンゼンってなんなんですか？
イミフ（意味不明）なんですけど！

勇樹　**ベンゼンは有機分子の一つだね。**

ん～いまいちわかんないです～、有機分子って何ですか??

勇樹　**この世のすべては、めちゃくちゃ小さな粒である原子からできている。原子はレゴブロックのように、いろいろ組み合わさって分子となる。特に、炭素を含むものは、有機分子と呼ばれるんだ（次ページ図）。**

有機分子は小さいレゴと思うとなんとなくイメージつきますね。

勇樹　**そして、この六角形一つをベンゼンっていうんだけど、目に見えないほど小さな有機分子の一つなんだ。**
ベンゼンは有機化学の象徴といっていいものなんだよね。
ベンゼンは“芳香族性”という不思議な性質を持っているんだ。

芳香族性（ほうこうぞくせい）??

原子

…などなど

水素　炭素　窒素　酸素

0.1–0.3 nm くらいの小さな粒

イメージ

⇩

分子

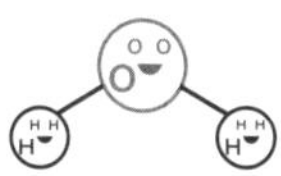

H_2O
水

イメージ

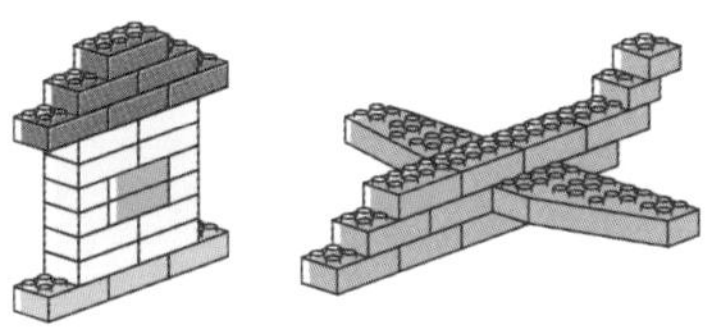

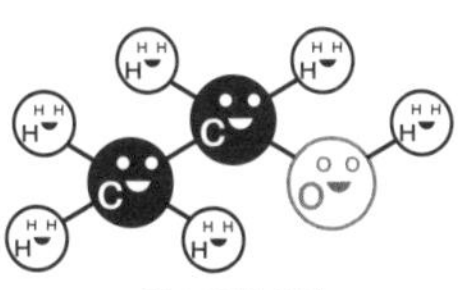

CH_3CH_2OH
エタノール（お酒のアルコール）

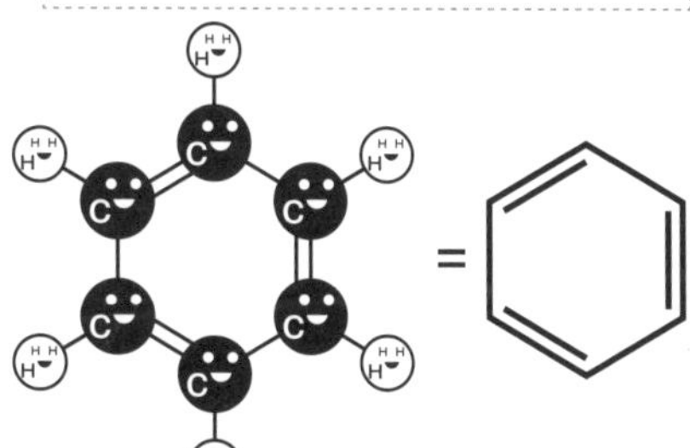

C_6H_6
ベンゼン

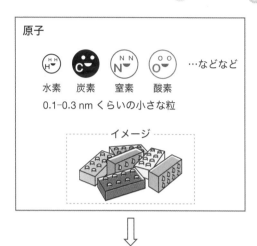

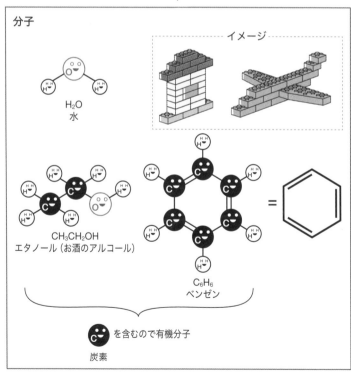
を含むので有機分子

炭素

勇樹　芳香族性ってのを正しく説明するのは実は難しい。専門家になればなるほど何のことかわからなくなってしまうくらいだ。
それでもあえて至極簡単にいうと、電子がたくさんあるのにケンカしないんだ。

?? それがそんなに変わったことなんですか？

勇樹　電子はマイナスの性質があるので、お互い反発するからね。普通、電子がたくさんあると、ケンカになってしまう。それにもかかわらずベンゼンのような“芳香族性”を持つ分子はとても平和な環境なようで、電子はケンカしなくなるんだ。

芳香族性のざっくりしたイメージ

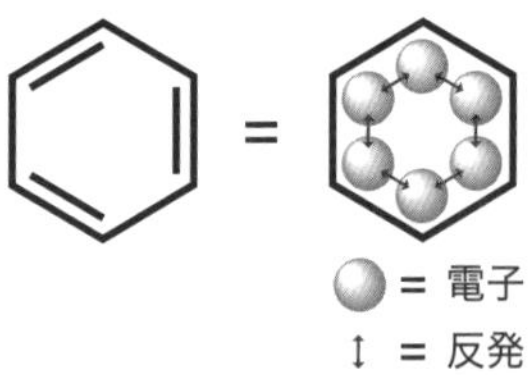

芳香族性を持つ分子は、
反発する電子がたくさんあるのに
ケンカしない！

反発するはずの電子がたくさんあるのにケンカしない。
ん〜、そう言われるとなんだか不思議ですね。

勇樹　しかも、この不思議な性質はベンゼンがつながると顕著になって、特別な性質を持つようになるんだ。
例えば、その発見に対しノーベル賞が与えられた、グラフェンを見てみよう。ベンゼンが無限につながっているね。

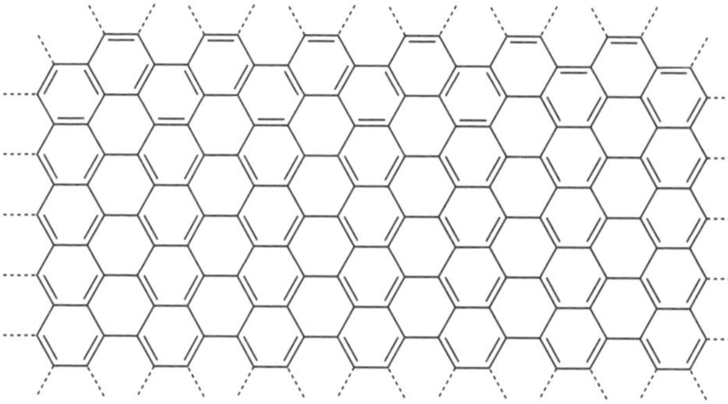

グラフェン
2010 年ノーベル賞に！

お～～。カーペットみたいで綺麗ですね。

勇樹

綺麗な分子には機能が宿る。グラフェンは軽量でありながら、ダイヤモンド並みに固く、金属よりもよく電気を通すといった、すさまじく優れた性質があるんだ。

すごっ！

勇樹

今後、グラフェンは様々な電子機器などに応用されていくだろう。
グラフェンはベンゼン環がたくさんつながった極端な例だけど、ベンゼンは２個つながるだけでも、役に立つ分子になるんだ。用途は医薬品、有機ELの材料、液晶材料など、様々！

えっ！　めちゃくちゃいろいろ使われてるじゃないですか！

ベンゼンが2個つながった分子の用途

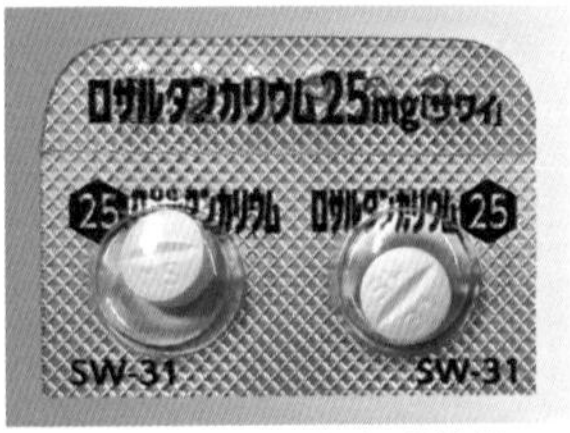

ロサルタンカリウム錠（沢井製薬）

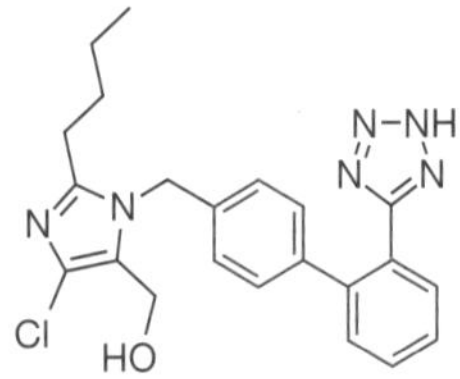

例 ①
ロサルタン
高血圧治療薬

© 山形大学　硯里研究室

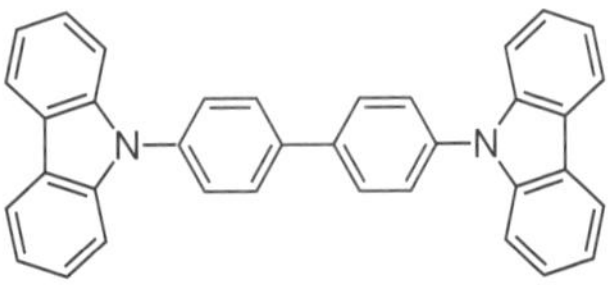

例 ②
有機 EL の材料

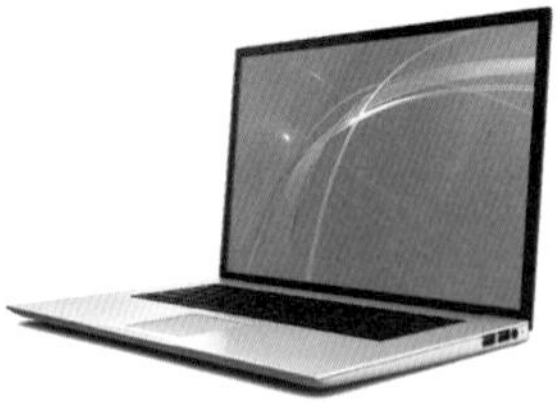

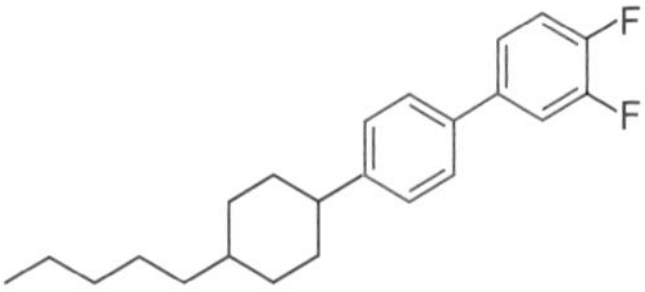

例 ③
液晶材料

勇樹　こんなベンゼン環が二つ、つながった構造を含む有機分子を、“ビアリール化合物”というんだけど、ビアリール化合物は錬金術でいうところの金に値するかもね。薬として人の命を救うこともあれば、スマホの画面の材料として僕らにエンターテインメントを届けてくれるすごいやつだよ。

へぇ～！　いろんなところで使われているんですね。な

かなかすごいじゃないですか！

勇樹　**で、昔の錬金術師が鉄から金を作りたいと願ったように、近代の有機化学者が安い分子からビアリール化合物を作りたい！と願うのは自然なことだろう。**

確かに！　ビアリール作れたら一儲けできそうです～♪

勇樹　**じゃあどうすればビアリール化合物が作れると思う??**

えーと……。まさか！

勇樹　**そう、ベンゼン環とベンゼン環をくっつけるんだ。例えば、例①のロサルタンを作りたい場合、こんな感じでベンゼン環とベンゼン環をくっつければいいだろう。**

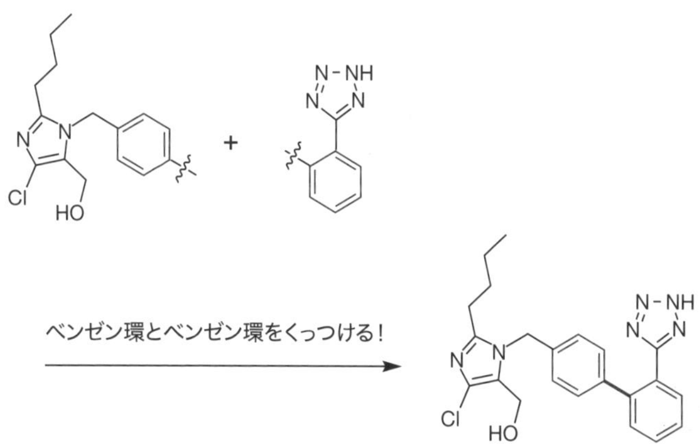

ロサルタン
高血圧治療薬

なるほど！　ベンゼン環とベンゼン環をくっつけると、たくさん役に立つものができるからノーベル賞にもなったんですね……！

勇樹

そういうこと！　まさに化学の革命といっていい進歩だったんだ。
でもさっきも言ったように“ベンゼン環とベンゼン環をつなぐ”、というたったそれだけのことが本当に難しかったんだ。
これまで数多（あまた）の研究者がこの問題に全身全霊を懸けてきたし、現在でも心血を注ぐ研究者がたくさんいるくらいだ。

なんでそんなに難しいんですか？　すごく簡単そうですけど……。

勇樹

それをわかるためには、有機化学を勉強する必要がある。

げっ……ちょっとおなかが痛くなってきたような……。

勇樹

大丈夫、大丈夫！　そんな構えなくてもいいから。
これからする話は、研究者たちがこれまで辿ってきた道のりを歩くようなものだよ。その旅には、ちょっとした準備が必要になるけど、大丈夫！　この旅の支度は4つだけだし、難しくもないよ。

まぁ、難しくないなら、ちょっと聞いてみようかな？

勇樹

よし来た！

旅支度 1 有機化学とは？？

勇樹　有機化学って何？から説明すると、有機化学は主に炭素（C）を含む物質を扱う学問ってことになるね。

そういえば、酸素とか窒素とかいろいろな元素がある中で、なんで“炭素”だけ特別扱いなんですか？

勇樹　いい質問だね。炭素は耳になじみのある元素だと思うけど、実は極めて特殊な性質を持っているんだ（次ページ図）。簡単にいうと、

❶ 炭素（C）は自分自身でどこまでもつながれる。多くの元素は長くつながると不安定になってしまうけど、炭素は特別長くつながることができるんだ。数万個くっつくこともざらだ。

❷ いろんなつながり方がある。つながり方としては一重線の単結合、二重線の二重結合、三重線の三重結合がある。このつながり方のバリエーションの多さも炭素の特徴だ。

いわれてみれば、ベンゼンも炭素（C）が6つくっついていますね。よく見ると、炭素は単結合でくっついた部分と、二重結合でくっついた部分の2種類ありますね！

勇樹　6個どころか、グラフェンでもわかるように炭素は無限につながることができる（p.15）。こんな性質を持った元素は炭素だけなんだ！

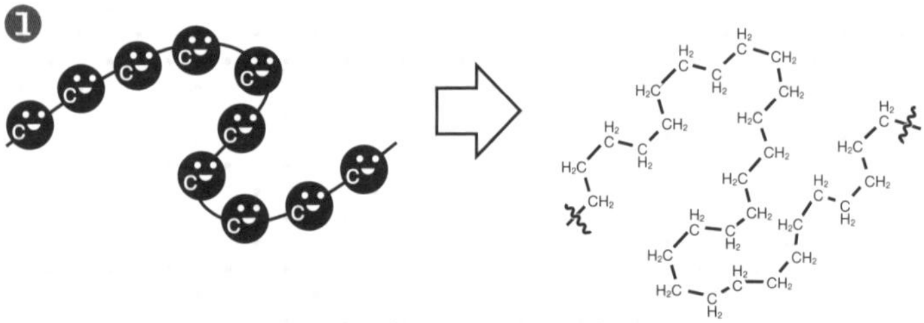

炭素はどこまでもつながれる

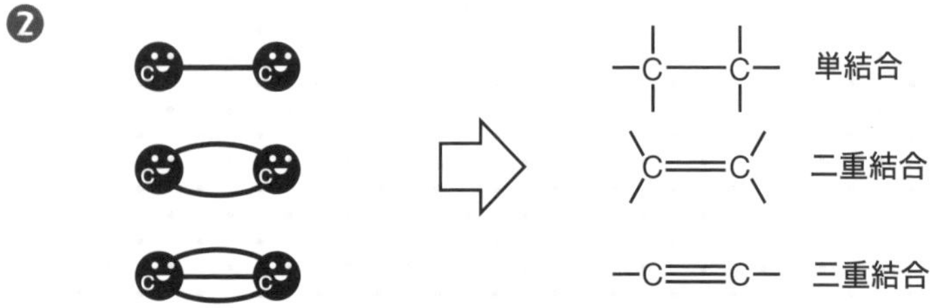

炭素にはいろんなつながり方がある

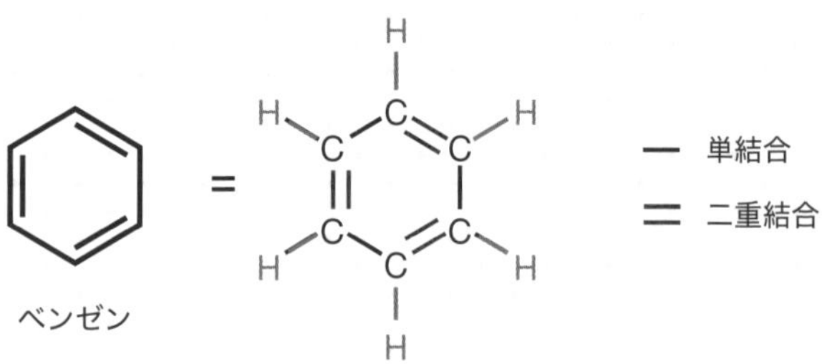

炭素だけなんですか！

勇樹

この特別な性質によって、炭素という元素だけで無限の化合物を生み出すことができる。そういった理由で、炭素を扱った化学、有機化学は一つの分野になっているんだね。

なるほど！　炭素って意外と変わりものなんですね！

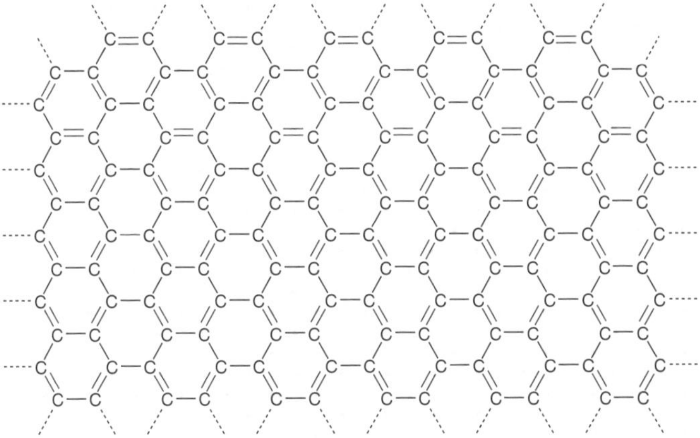

グラフェン

勇樹

次は、身の回りの有機分子として、次ページに書いたバラの香り成分であるゲラニオールを見てみよう。ゲラニオールは天然のバラにも含まれるいい匂いのする有機分子だ。

え!? バラの香りも有機分子だったんですか！

勇樹

いかにも。今度はゲラニオールの分子の形に注目してみよう。炭素は生き物の骨のように分子の形を作ることがわかる。それを覆う皮のように水素（H）が包み込み、アクセントとして、酸素（O）などがくっついて、“有機分子”ができあがるわけだ。

そっか〜、**炭素は有機分子の骨**と考えると、ちょっとわかりやすいですね。

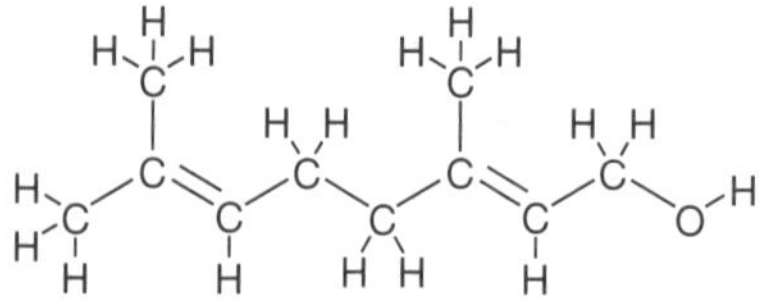

ゲラニオール
バラの香り成分

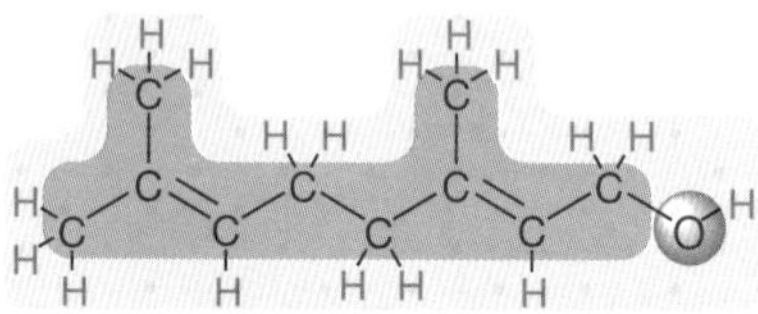

C：炭素　→　骨
H：水素　→　皮
O：酸素　→　アクセント

勇樹　そして有機化学は、この目に見えないほど小さい有機分子をまるでレゴのように組み立てる学問なんだ。安い小さな分子から、高価なすごい分子を組み立てることができる、まさに現代の錬金術だよ。

なるほど～。有機化学は炭素を主役とした学問で、有機分子を組み立てることができるんですね！

勇樹　そういうこと！

旅支度2 構造式に慣れよう

勇樹　そして有機化学に慣れるために絶対大事なのが構造式だ。構造式は有機分子を簡単に書く方法で、めちゃ便利なものなんだ。さっきのゲラニオールを構造式で書いてみよう。有機化学の専門家は左のような面倒な書き方をせず、右のように書くんだ。

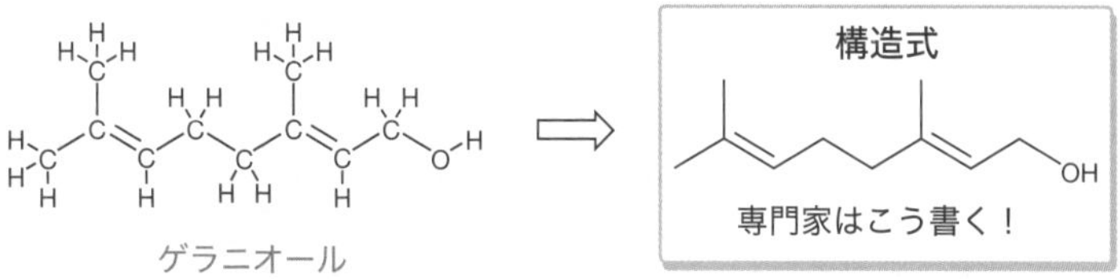

ん～、かろうじて酸素（O）はありますけど、炭素（C）とか水素（H）がどこかに行っちゃいましたね……。

勇樹　慣れるまでは、なかなか受け付けないよね。でも構造式ってのは、そんなに難しくとらえる必要はない。有機分子の形を簡単な絵にしたもので、人物描写でいうところの棒人間みたいなものなんだ。

え！？　棒人間ですか??

勇樹　そう。棒人間は人物描写としてはめちゃくちゃ省略して書いているけど、ちゃんと頭、手、足、胴体があることがわかるでしょ？　そんな感じで有機分子を書く方法が構造式の書き方だ。

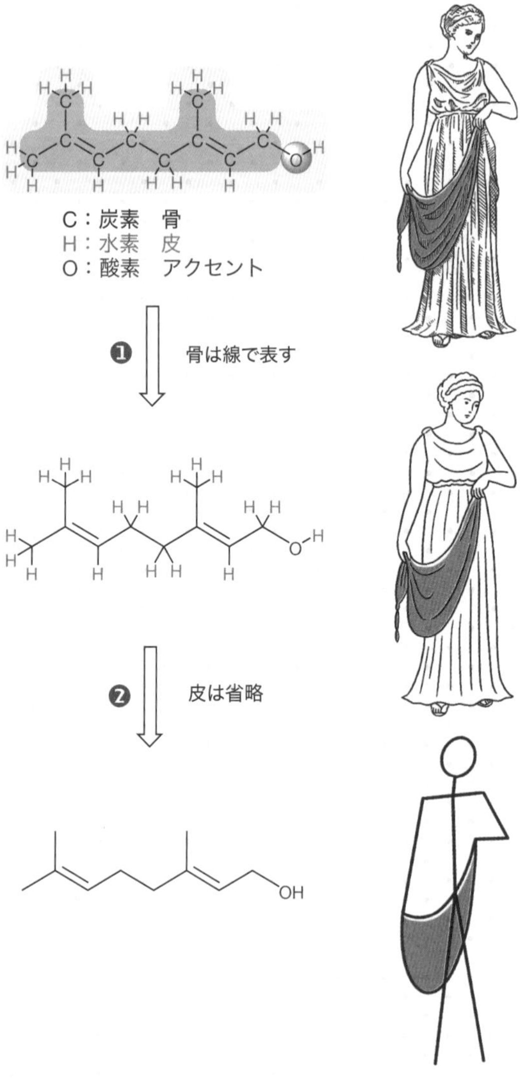

それにしても、めちゃくちゃシンプルになってますけど、これって一番上と一番下は同じものを表しているんですか??

勇樹

実は情報量は減っていないんだ。何をしたのかというと、
❶ 炭素は線で結びわざわざCを書かない。
❷ 炭素についている水素（H）は省略する。
ということだけしたんだ。

有機化学は炭素（C）が主役だから、当たり前すぎてCとか、Cについた H を省略しちゃうんですね。

勇樹

そういうこと。生き物の体のつくりを大雑把に説明するのに、骨はみれば骨とわかるので線で十分だし、皮はどの生き物にもあることがわかりきっているのでわざわざ書かないってことだね。

でも酸素（O）にくっついた水素（H）は省略しないんですね。

勇樹

アクセントには何がくっついているかが大事なので、全部書く決まりなんだ。

有機分子のチャームポイントってところですか！

勇樹

まぁそんなところかな。最初はちょっと難しく感じるかもしれないけど、とりあえず今は構造式が有機分子を表していることさえわかってくれればOKだよ。

旅支度 3 炭素にはプラスとマイナスがある

勇樹　さて、有機化学は最初にも言った通り、炭素が主役の学問だ。

炭素は有機分子の骨になるんでしたね。

勇樹　そして、薬などの役に立つ分子はだいたいの場合、大きな有機分子なんだけど、大きな分子を安く作るためには、小さな分子をつなげていかなければならない。
例えば大きな分子（C）が薬になるとすれば、安価な小さい分子（A）と別の安価な小さい分子（B）をつなげて作っていく必要がある。
つまり、炭素と炭素をくっつけることが大事になるってこと！！

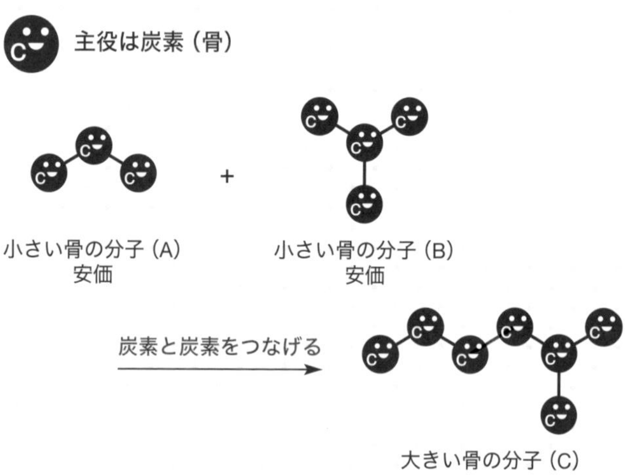

炭素は有機分子の骨だから、炭素をくっつけたら骨格の大きな分子ができるってわけですか。

勇樹

その通り！　だけど、有機分子は目に見えないほど小さいから、本当のレゴみたいに手でくっつけるわけにはいかない。

確かに……。じゃあ、どうすれば、くっつけられるんですか??

勇樹

それには有機化学の大原則がある。
ズバリ！　炭素プラスと炭素マイナスをくっつけるんだ！
マイナスは電子を持っていて、それをプラスに渡すことで結合ができるんだ。

有機化学の大原則

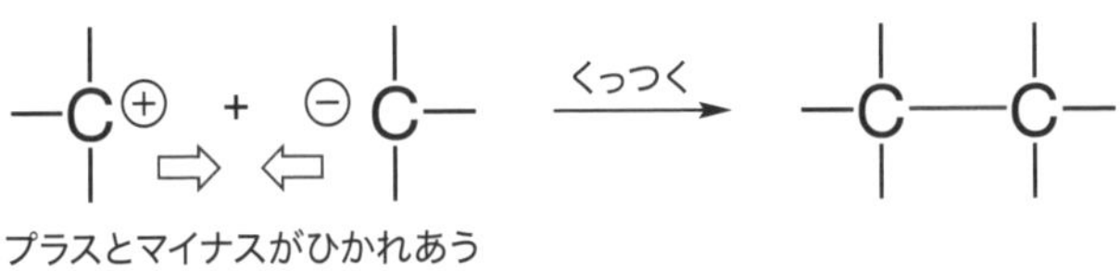

え？　プラスとマイナスは確かにくっつきそうですけど、そもそも炭素がプラスとかマイナスって、どういうことですか??

勇樹

簡単にいうと、電子が不足している炭素は炭素プラス。電子を余らせている炭素は炭素マイナスになる。炭素プラスは電子が欠けているから、電子が欲しくてたまらない。逆に、炭素マイナスは電子が有り余っているので、誰かに渡したくてしょうがない。

欲しい人と、あげたい人がいるんですね。

勇樹

ならば、炭素マイナスの電子を炭素プラスにあげれば、みんな満足になるだろう。この電子のやり取りの友情の証として結合ができるんだ。

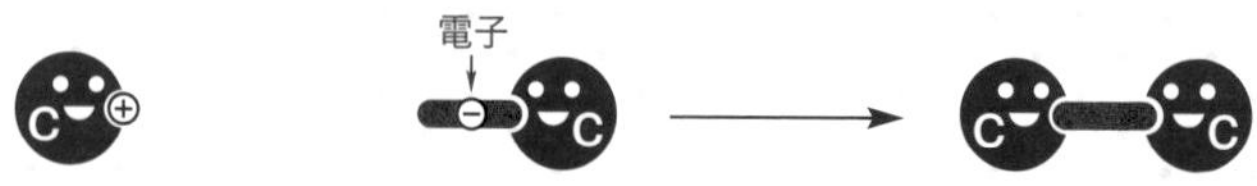

炭素プラス
電子が欲しくてしょうがない

炭素マイナス
電子を誰かにあげたい

二人とも大満足!!

なるほど〜、そんな原理で炭素と炭素がくっつくんですか。でも、どうすれば炭素を電子の欲しい状態にしたり、電子をあげたい状態にできるんですか??

勇樹

いい質問だね。炭素と炭素がつながっているだけなら、電子は均等に持っているので、炭素はプラスでもマイナスでもないからね。一番自然な状態だ。

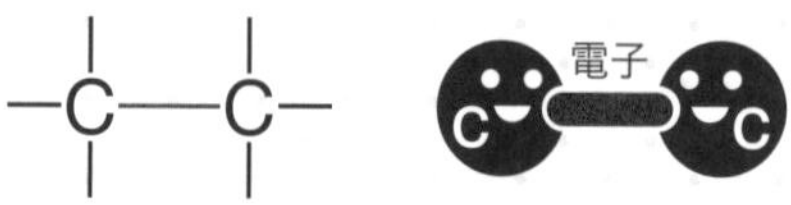

電子を平等に持っているので
どちらの炭素もプラスでもマイナスでもない

勇樹

炭素は、自身についているパーツによって、電子の欲しい状態（炭素プラス）になったり、電子をあげたい状態（炭素マイナス）になったりできるんだ。具体例を見てみよう。次に示したのはアルキルハライドといわれる分子になる。炭素に塩素（Cl）やヨウ素（I）がくっついているね。

アルキルハライド

塩素とヨウ素って、聞いたことあるような、ないような感じですけど、どんな性質があるんですか??

勇樹

塩素(Cl)やヨウ素(I)はいじめっ子のように、電子を奪う性質を持っているんだ。電子はマイナスなので、炭素はマイナスを奪われることになる。するとどうなるだろう？

マイナスが奪われるなら……炭素はプラス!?

勇樹

その通り！　電子がなくなって空いた部分がプラスになるわけだ。炭素は電子を取られて、めちゃくちゃ悲しい気分になっている。

アルキルハライド

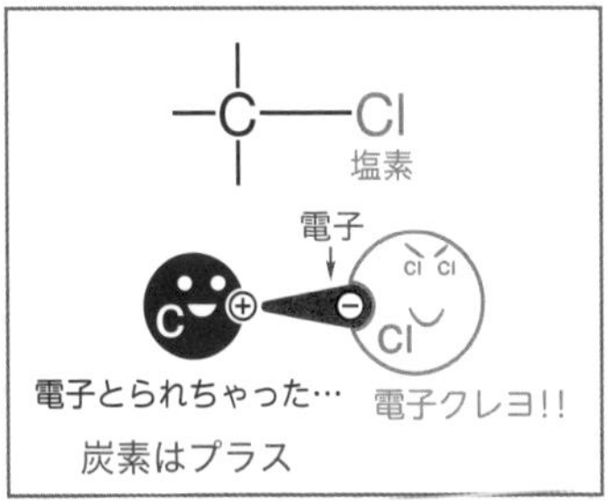

アルキルハライド

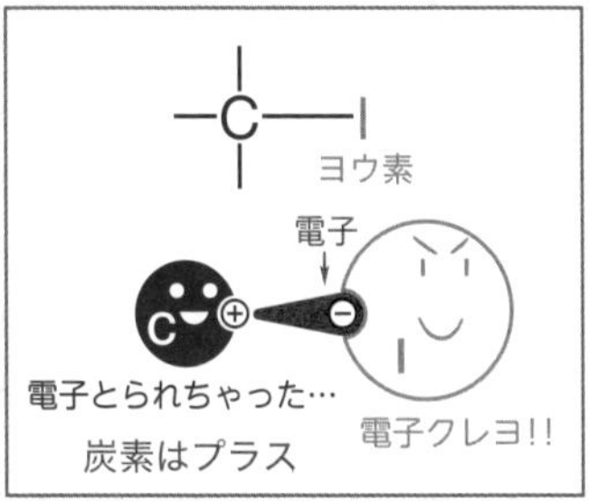

ClやIに電子を奪われて炭素はプラスになる

かわいいけどかわいそう……。

勇樹

また、アルキルハライド以外にも様々な炭素プラスがある。例えば、酸素（O）も電子を奪う性質があるので、炭素－酸素二重結合を持つカルボニルは炭素プラスになる。
酸素は電子を引っ張って自分のものにするんだけど、二重結合のうち一つの結合は堅くつながっているんだ。
高圧的ないじめっ子だけど、友情は確かにあるジャイアンみたいな性格だ。

友情で結ばれているけど上下関係あるって、原子も大変ですね。

カルボニル

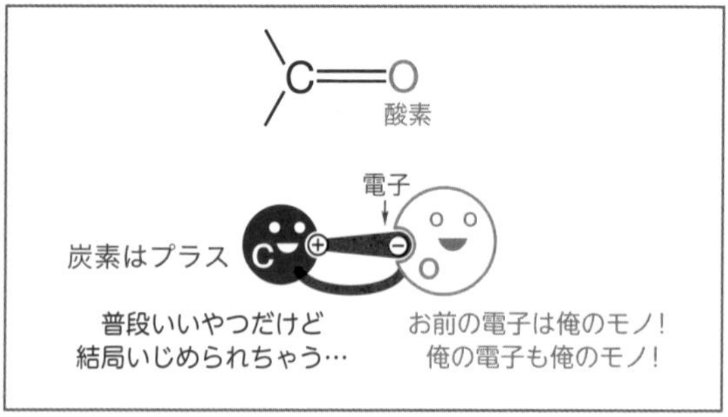
C
O
酸素
電子
炭素はプラス
C
O
普段いいやつだけど
結局いじめられちゃう…
お前の電子は俺のモノ！
俺の電子も俺のモノ！

勇樹

今度は炭素マイナスについて考えてみよう。さっきとは逆に電子を与えるパーツを炭素に取り付ければよい。

具体的にどんなパーツをつければ炭素マイナスになるんですか？

勇樹

代表的な例はリチウム（Li）だ。リチウムはめちゃくちゃ優しくて、炭素に電子（マイナス）をくれる性質があるので、炭素とリチウムが結合したリチウム試薬は、電子いっぱいの炭素マイナスになる。炭素はご機嫌だ。

リチウム試薬

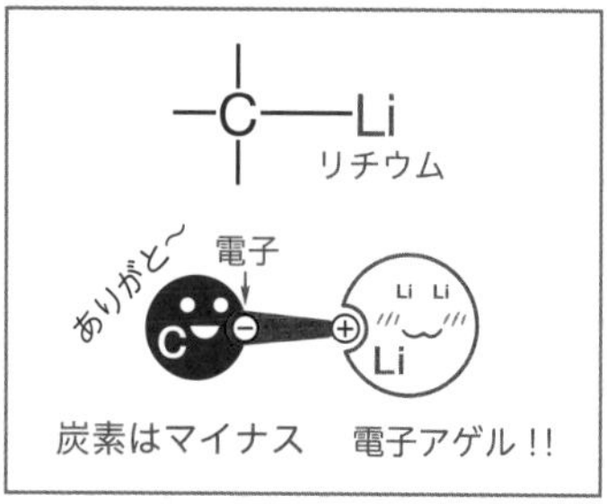

へぇ～！　リチウムっていい子なんですね！！　そういえば、リチウムって、あのリチウムイオン電池とかで聞くリチウムですか？

勇樹

そう！　その通り！　リチウムイオン電池は、リチウムの“電子を誰かにあげる性質”を利用した電池なんだ。スマホにも入ってるし、案外身近な元素だね。

なるほど～。それにしても、どんな時に炭素プラスになって、どんな時に炭素マイナスになるのかを覚えるのはなかなか大変ですね……。

勇樹

そうだね。だけど、ここではそれほど難しくとらえる必要はなくて、炭素にもプラスとマイナスがあるんだな、ってことがわかってもらえれば十分！
これからの説明でプラス・マイナスが大事になると

きは、何がプラスで、何がマイナスになるか書くし、いちいち覚える必要はないよ。

よかった〜。なら、ちょっと安心です〜。

旅支度 4 炭素と炭素をくっつける

勇樹

炭素と炭素をくっつける話に戻そう。
どうすれば炭素と炭素がくっつくかというと、「プラスとマイナスをくっつける」だったね。実際に炭素プラスと炭素マイナスをくっつけてみよう。次の図を見て欲しい。
炭素プラスとしてアルキルハライド、炭素マイナスとしてリチウム試薬を混ぜてみよう。アルキルハライドのヨウ素はいじめっ子みたいなもので電子を奪ってくる。だからヨウ素とくっついた炭素（C）は電子を奪われていてちょっと悲しい気分なんだ。

ん〜、かわいそうかわいい。

勇樹

そんなところに、リチウム試薬がこっそり後ろから話しかけるんだ（❶）。
そしてリチウム試薬の炭素は、炭素マイナスとしてアルキルハライドの炭素プラスに電子をあげるんだ。電子を受け渡しする過程で二つの炭素がくっついて、友情の証である炭素−炭素結合ができる（❷）。

❶ヨウ素の後ろから話しかける

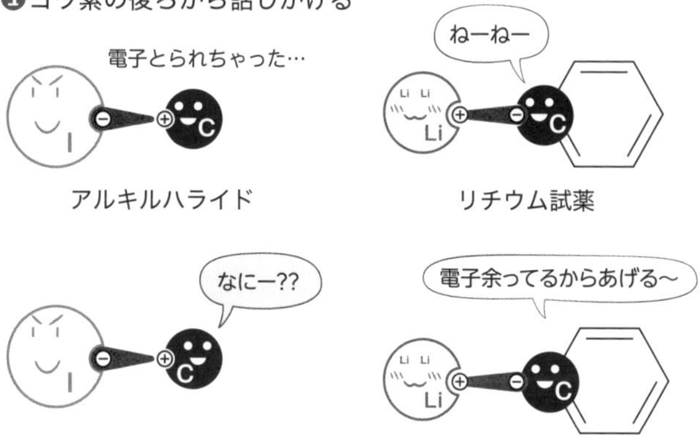

❷電子をあげる

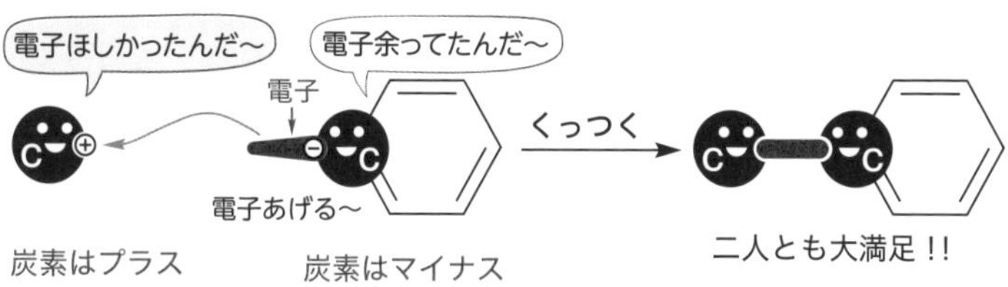

❸リチウムはヨウ素に寄り添う

専門的な書き方

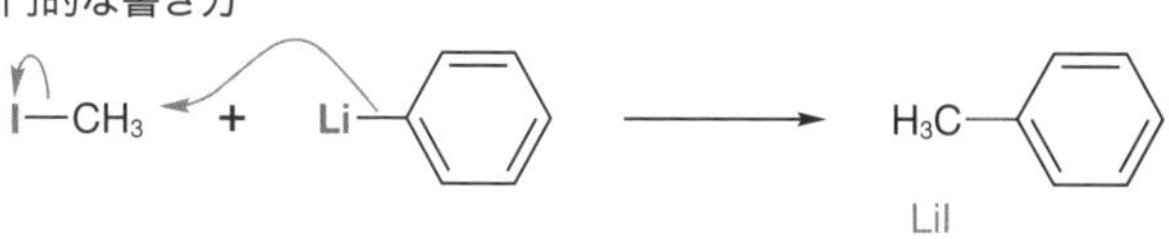

ヨウ素（I）やリチウム（Li）はどうなるんですか??

勇樹

ヨウ素はいじめっ子だからね、もうそんな奴と炭素はツルム必要ないので、炭素に縁を切られる。一方、リチウムは炭素に友達ができたことを見届けて、炭素から離れていくんだ。そして一人ぼっちのヨウ素に寄り添うんだ（❸）。

リチウム……！　なんていい子なんですか……。

炭素と炭素がつながることにそんなドラマがあったんですね。

勇樹

他にもカルボニル化合物とリチウム試薬を混ぜてみよう（次ページ図）。やはりリチウム試薬の炭素マイナスが、いじめっ子の酸素に見つからないように後ろの方から、カルボニルの炭素プラスに話しかける。そして炭素マイナスが炭素プラスに電子を渡すためにくっついて、友情の証の炭素−炭素結合ができる。

今回、酸素はつながったままなんですね。

勇樹

酸素と炭素は、いじめっ子といじめられっ子の関係ではあるが友情もあるからね。その友情まで消えはしないんだ。あと、リチウムがいい話し相手になって、いじめる気もなくなるんだね。

リチウム〜!!　なんて……なんていい子なんですか!!

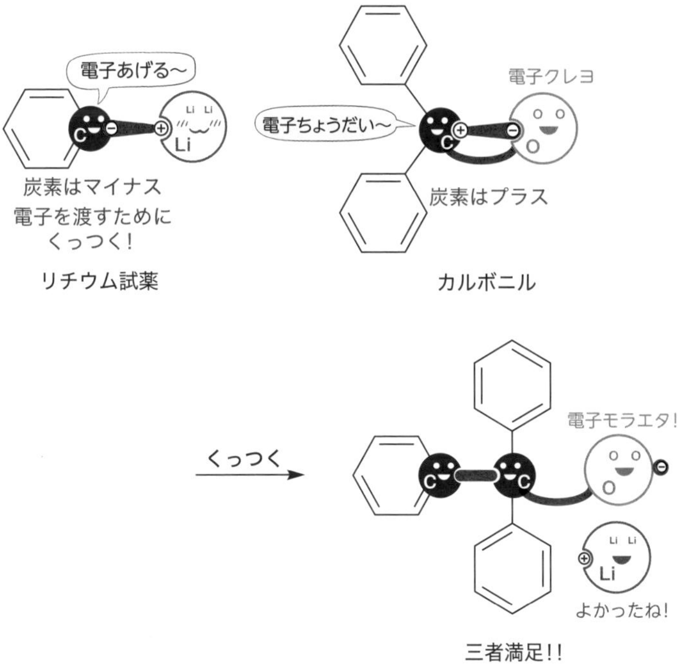
電子あげる〜
Li Li
Li
C
炭素はマイナス
電子を渡すために
くっつく!
リチウム試薬
電子ちょうだい〜
電子クレヨ
C
O
炭素はプラス
カルボニル
くっつく
電子モラエタ!
C
C
O
Li Li
Li
よかったね!
三者満足!!

専門的な書き方

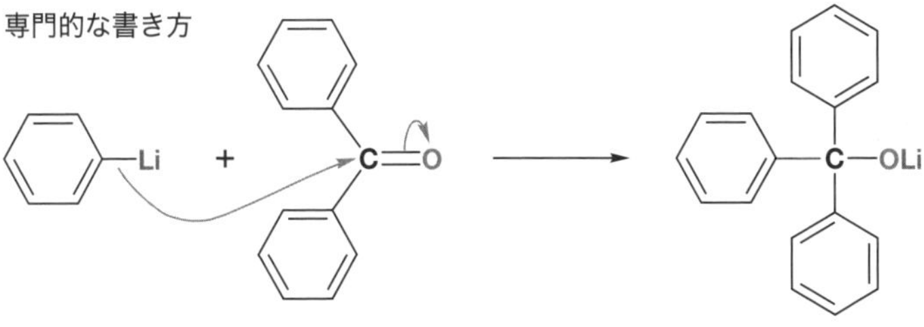
Li
+
C
O
C
OLi

勇樹　とまぁ、有機化学には無数の反応が存在するが、ほとんどがこのようにプラスとマイナスがくっつくという非常にシンプルなドラマで説明することができる。

そう聞くとずいぶん簡単ですね……。

勇樹　このシンプルな原則で、実際に医薬や有機ELの材料が合成されるんだからすごいよね。

勇樹　よし！　これで旅の準備はおしまい。これでノーベル賞にもなったベンゼン環とベンゼン環をつなぐ方法がどのように発見され、発展し、そしてそれがなぜすごいのかが理解できる。

あれ？　これだけですか？

勇樹　それだけ！　有機化学はシンプルな学問だからね。難しく考えなくていいんだ。
でも、今日はここまでかな。時間がだいぶ押してしまった。

あ、ホントだ。30分も過ぎてる。でもベンゼン環とベンゼン環をつなぐ話は、まだしてませんね。

勇樹　この続きの話は長くなるから、毎週授業終わりにちょっとずつ話そうか。

ちょっと気になるし～ぜひ！

第1週目の授業後

母　**先生どうだったの？**

面白かったよ！　意外にめちゃくちゃしゃべるんだよね、あの先生。今日は有機化学って何？から話が始まって、リチウム試薬の話をしてたら終わっちゃった。

母　**え、リチウム試薬ってあんた……。**

知ってるの??

母　**私の大学生のときの専門は有機化学だったからね。そりゃあ、知ってるわよ。**

えぇ!?　お母さん有機化学やってたの!?　全然知らなかった……。

母　**あら言ってなかったかしら。学生の時はよく徹夜で実験したものよ～。**

そうだったんだ！　ちょっと尊敬～。

母　**まぁね♪　それにしても、あんた、リチウム試薬なんて高校の内容じゃないでしょうに。というか最近、文系は高校で有機化学習わないんじゃなかったっけ？**

ん～～まぁ、勇樹先生の専門が有機化学みたいで、話を聞いてみると意外と面白かったし……？

母

まったく……。化学の成績悪いから先生お願いしたんだけどね～。
今回は有機化学の話だけで終わっちゃったのも仕方ないけど、次からは、今回のダメダメだったテストの内容も習うのよ。

もぅ～わかってるよ～。

母

……そういえば、あんたその話を聞いていて、退屈じゃなかったの？

え？　学校の授業よりは全然面白かったけど？

母

そ、きっといい先生ね。

??

母

あんたが理系科目で苦い顔してないの、初めて見たもの。

第2週 六角形をつなぐ旅のはじまり

1 ベンゼン環とベンゼン環はくっつかない？

はぁ〜、今日の授業やっと終わりました〜〜。

勇樹　**うん、だいぶわかってきてると思うよ。少なくとも、この前の期末テストの内容は大丈夫そうだね。**

おかげさまで〜。あ！　そうだ!!
……ふふふ。私、先週の話聞いてわかっちゃいましたよ！　ベンゼンとベンゼンをくっつける方法!!
一を聞いて十を知るタイプなので！

勇樹　**ほう！　それは素晴らしい。どうやるの？**

炭素プラスと炭素マイナスをくっつければいいので……。こんな感じでベンゼンにリチウム（Li）がついた化合物とベンゼンにヨウ素（I）がついた化合物を反応させればいいはずです。

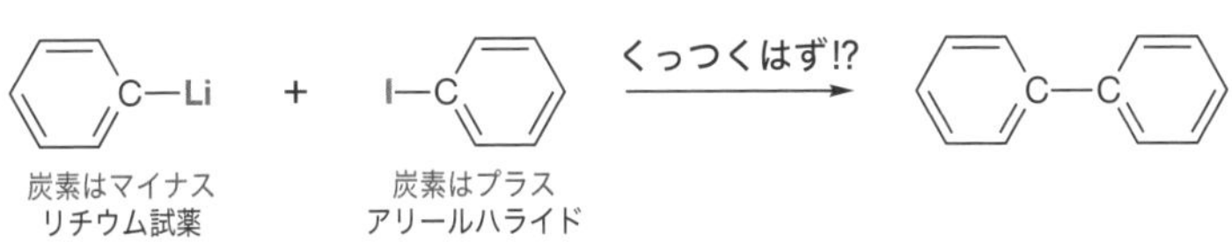

勇樹　アルキルハライドから、ベンゼン環にヨウ素がついたアリールハライドに変えたんだね。確かに炭素プラスと炭素マイナスになっているから反応しそうだ。

簡単ですね！！

勇樹　ところが……それがメチャクチャ難しかったんだ。実際に、アリールハライドとリチウム試薬を混ぜても、全くくっつかないんだ。

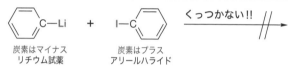

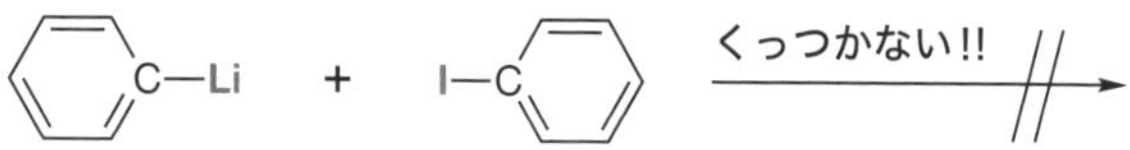

えっ！　なんでですか！?

勇樹　確かにアリールハライドの炭素は電子を奪われてプラスになって悲しんでいる。電子をあげれば喜ぶだろう。しかし、リチウム試薬が電子をあげようとしても、ベンゼン環が邪魔で、後ろから話しかけることできないんだ。

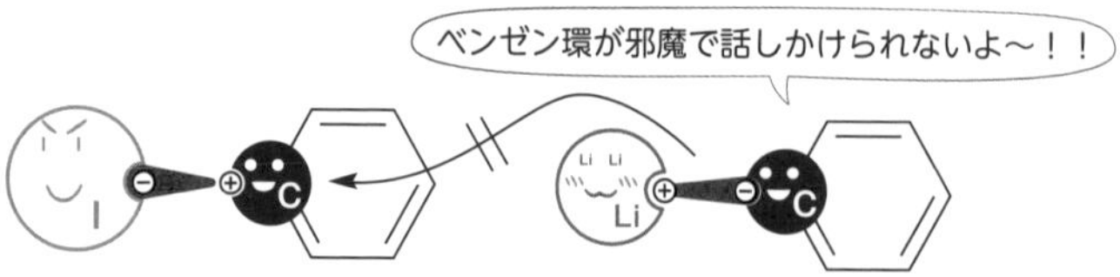

反応する（話しかける）隙が無い

横や正面から話しかけちゃダメなんですか??

勇樹

ヨウ素はいじめっ子だからね。炭素はヨウ素にばれないように後ろから話しかけないといけないんだ。

アリールハライドの場合は、その後ろがふさがっちゃってる、と……。

勇樹

そう、アリールハライドは反応する(話しかける)隙が無くて、これをもう少し専門的に言うと、非常に反応性が乏しいという。

えぇ～～！　そんな～！　反応しないならどうしようもないじゃないですか!??

勇樹

まったくその通りで、シンプルに無理すぎて本当にどうしようもなかったんだ。二つのベンゼン環をくっつけるのは、1900年以前は、まったくできなかったといっても差し支えない。

じゃあ、いったいどうすればベンゼン環とベンゼン環をくっつけられるんですか!??

勇樹

いいね！　それが1900年代の超一流有機化学者と同じ悩みなんだよ。
僕らの旅は、このシンプルな難問「二つのベンゼン環をくっつける」ことができない時代、1900年から始めよう。

2 夜明けを告げるウルマンカップリング

勇樹　さて、ちょっと話は変わるけれど、そもそも“研究者”ってどんなイメージ??

ん～、色白で眼鏡で、ちょっと性格暗そうで、モテなそうで、でも自分の得意なことには饒舌（じょうぜつ）になっちゃう感じですかね??

勇樹　ちょっと、偏見が過ぎるだろ……。

すみません……、（目の前の人がそうだったので）。
でもなんというかクールなイメージはありますね。

勇樹　なるほど、確かに一見クールそうに見える人は多いかもね。けど、その大多数は青い炎のようにメラメラ燃えているんだ。

そうなんですか？　全然そんなイメージないですね……。

勇樹　なにせ研究者は「未知/未踏」の求道者だからね。数年の期間、ほぼほぼ毎日失敗に終わる修羅（しゅら）の道をクールな精神では歩めないよ。

なんか格好よく言ってますけど、研究者の人って、そんなに失敗ばかりなんですか??

勇樹　個人差や研究内容にもよるけどね。例えば、僕は毎日朝から晩まで実験しているけど、この三か月なんにも進歩してないよ♪

そんなことを楽しそうに言われても……。

勇樹　失敗は研究者にとって溜めの期間なんだ。失敗続きの間はひたすら次の実験に取り組むしかない。その代わり、研究がうまくいったときは喜びと興奮が爆発するんだ！

勇樹　そして、新たな発見をした研究者は次の二つのことをする。まず一つ、過去にいちゃもんをつける。

研究者は過去に対し、
「おまえら、こんなことも知らないの〜？（笑）」
「えぇ〜、まだこれできないんだ〜（笑）」
とかいう暴言を吐くんだ。

えぇ！？　めちゃくちゃ嫌なヤツじゃないですか！！

勇樹　ここで終わってしまうと、確かに単なる嫌なヤツだね。でも研究者はそれだけで終わらない。
二つ目に研究者は
「でも俺はわかった（できた）けどね！！」
と言い放つ。自分はその問題を解決したことを高らかに宣言するんだ！

なんかクールとは程遠いですね……。

勇樹　まったくだね。実際に1901年にこんなことを言う研究者が現れた。フリッツ・ウルマンというドイツの研究者だ[1]。

フリッツ・ウルマン
（1875–1939）

おまえらさぁあ！
まぁだビアリール作れないの！！??
俺はできたけどねぇぇえ！！

本当にそんなこと言ったんですか？

勇樹　おそらく言ってないけど、細かいことは気にしない。でも気持ちはこんな感じでテンション上がりまくってたと思うよ。
何と言っても、ウルマン先生はこれまで誰も成し得なかった「ベンゼン環とベンゼン環をくっつける」方法を、1901年に発見したんだからね。
下図のように、アリールハライドに銅を加えて200℃以上に加熱すると、なんとベンゼン環同士がくっついてビアリール化合物が得られた。この反応は現在ではウルマンカップリングと呼ばれている。

ウルマンカップリング

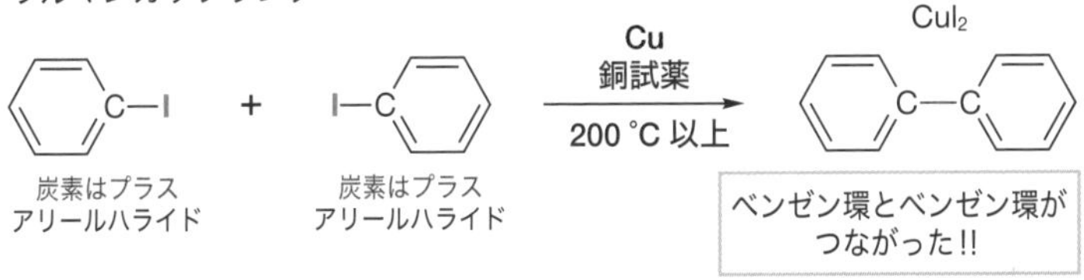

本当だ！　ベンゼン環とベンゼン環がくっついてますね。……あれ？　この反応、炭素プラスと炭素プラスが反応してますね!?

勇樹　そうなんだ。ウルマンカップリングは少し特殊な反応で、プラスとプラスがくっつく珍しい反応になる。この反応のメカニズムをたとえるならば、銅はいじめを許さないこわいオヤジで、いじめっ子のヨウ素に200℃の炎の鉄拳を食らわせて炭素から引き離すと同時に、電子を炭素にあげるんだ（次ページ図）。

もらった電子は二人の炭素で分け合うんですね。

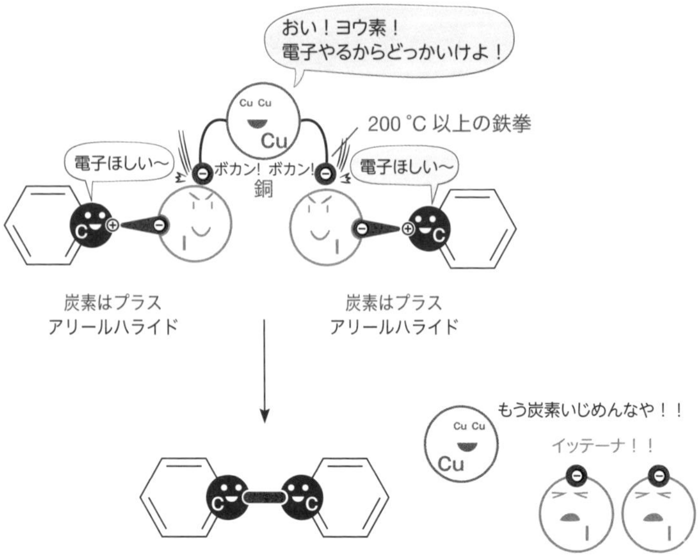

そういえば、ウルマンカップリングのカップリングってどういう意味ですか??

勇樹

カップリングは二つの有機分子をくっつける反応という意味だね。ウルマン先生が発見したからウルマンカップリングというんだ。

へぇ〜！　反応に名前がつくんですね〜。

勇樹

こういう大事な反応には、発見者にちなんでその人の名前がつく。このような反応を、人名反応というんだ。見つけた反応に自分の名前がつくことは、有機化学者にとって非常に名誉なことで、一つの目標といってもいいだろう。
もちろん名前は後で呼ばれることになるんだけど、ベンゼン環とベンゼン環をくっつける方法の発見の

重要性は明らかだ。ウルマン先生はビアリール合成で最強を名乗る！

俺がビアリール世界一ぃぃいい！！

こわっ……。

勇樹

この恐怖の宣言、他の研究者は認めざるを得ない。なんせ、他にビアリールを合成する手法がないからね。

なるほど～。でもあれだけ難しかったベンゼン環とベンゼン環をつなぐことが、ウルマンカップリングならできちゃうんですもんね。すごいですね！　歴史に名前を残すのも納得です。

それにしても、よかったですね。これでビアリール合成できるようになりましたし、一件落着ですね♪

勇樹

……否！

一件落着どころか、むしろこれは研究者たちの戦いの始まりだったんだ。

えぇ～？　なんでですか!?　ベンゼン環とベンゼン環をつなげられたじゃないですか！

勇樹

確かに、これまで手も足も出なかったビアリールが合成できた、という点においてウルマンカップリングは画期的だった。この時点で、ウルマンが最強を名乗ることに異論はない。しかし、完璧か？というとウルマンカップリングは問題点が実に多く、隙だらけだったんだ。その隙を列挙してみよう。

勇樹　**❶同一のベンゼン環同士しかくっつけられない。**
ウルマンカップリングは、同じ種類のベンゼン環同士しかくっつけることができない。そして困ったことに、薬や有機ELに使われる分子はたいてい異なるベンゼン環がくっついたビアリールで、ウルマンカップリングでは、そのような左右が異なるビアリールを合成できないんだ。

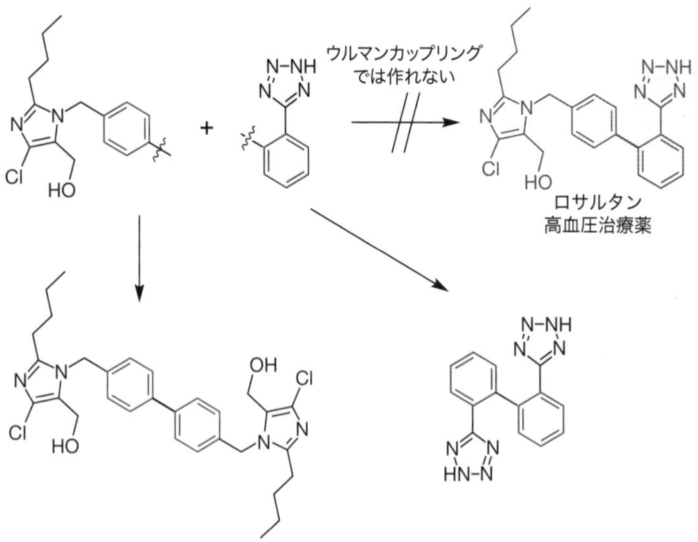

ウルマンカップリングでは同じベンゼン環しかつなげられない

勇樹　**❷反応温度が高すぎる。**
反応温度が200 ℃という非常に過酷な条件にしなければ、ウルマンカップリングは起きない。お世辞にもエコとはいえず、環境に悪い上に、コストも高くなるので、実用的観点からも問題がある。

勇樹　❸銅試薬をたくさん用いる必要がある。
ウルマンカップリングは銅試薬をたくさん用いる必要がある。これは非常に問題で、1トンのビアリールを作ろうとすると、数トンの銅試薬が必要になる。お金がかかって仕方ない。しかも最悪なことに、銅試薬は使われた後、もれなくトンスケールのゴミになってしまう。作ったものと同等か、それ以上のゴミが副生するわけ。どうしようもないね。

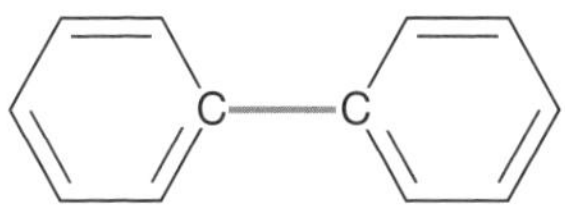

CuI_2

あれ?? ウルマンカップリング全然だめじゃないですか～!?

勇樹　そうだね。全然イケてない。まぁ、いきなり完璧な方法を見つけよう、ってのも無理な話だ。
ウルマンカップリングの意義は、ベンゼン環とベンゼン環をくっつけられることを示した点だ。その一歩は非常に素晴らしい。だけれど、問題だらけの反応で、とても実用に耐えうるものではない。となると、後の研究者はこんなことを考えるようになる。

**何がウルマンカップリングじゃ！
おれが、もっと強ぇえビアリールの作り方見つけてやるわ！！**

おぉ～、最強のカップリング反応を目指した戦いが始まったんですね！！

勇樹

そう！　ベンゼン環をくっつける長い物語はここから始まる！

第3週 未来へ紡ぐ山本明夫 ―働くニッケル―

勇樹　**よし！　今日の授業もおしまい～！　てなわけで本番はここから！　ベンゼン環とベンゼン環をつなぐ旅の話の続きをするか！！**

なんか授業のときよりも生き生きしてませんか……？

勇樹　**化学の疲れは化学で癒(いや)そう！**

癒(い)えるかどうかはともかく……。

確か1901年、ウルマンがウルマンカップリングを報告し、それを超えるビアリール合成法の開発を巡り戦いは始まる……でしたよね??　どうなるんですか??

勇樹　**そう、当時の研究者はウルマンを倒すべく血眼でより優れたベンゼン環とベンゼン環をつなぐ方法を探しただろう。**
しかし、一向に「俺はウルマンを超えたぁぁあ！」という声は聞こえてこなかった。なんと70年近く経ち、1970年になってもまったく、そんなことを主張する研究者はいなかったんだ。

70年！?　ウルマンカップリングは隙だらけなはずではなかったんですか？

勇樹　**ウルマンカップリングは確かに問題だらけでありながらも、他にろくな方法もなく、実質的に当時のスタンダードなビアリール合成法だった。**
いかにベンゼン環とベンゼン環をくっつけるのが難しいかがよくわかるね。

そもそも、なんでそんなにベンゼン環同士をくっつけることが難しいんですか??

勇樹　**それはひとえに、炭素プラス成分のアリールハライドの反応性が乏しいからだ。前方はヨウ素が、後方はベンゼン環がブロックしていて、炭素に電子をあげることができない。**

完全に炭素が孤独になっちゃいましたね……。

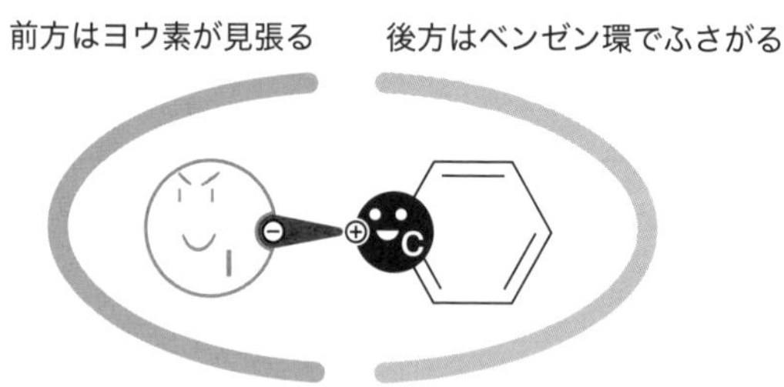
前方はヨウ素が見張る
後方はベンゼン環でふさがる
C

アリールハライド
炭素に電子をあげることができない
⇩
反応性が乏しい

勇樹

ウルマンカップリングは200℃という高温と銅を作用させることで、この問題をなんとか乗り越えていたんだけど、より優れたビアリール合成法を開発するためには、ウルマンカップリングのような半ばごり押しの方法とは全く別の発想が必要となる。

全く別の発想ですか？　ん〜、どうすればいいでしょう??

勇樹

反応する隙の無いアリールハライドを反応するようにするには、まずアリールハライドに反応する隙を作ることが重要になる。
言うは易く行うは難しで、なかなか誰も解決の糸口を見つけられなかったのだが、1970年、意外な人からそのヒントが提示された。その研究者は山本明夫先生という[2]。

山本明夫（1930-2017）
出典：文部科学省ホームページ

どうして山本先生がヒントを見つけたことが意外なんですか？

勇樹

いい質問だね。意外なことに、山本先生は特にベンゼン環とベンゼン環をくっつけることを考えて研究していたわけではなく、山本先生の専門は錯体化学という、全く別の分野だったんだ。

?? 錯体化学…… ??

勇樹 **ごく簡単にいうと、「金属と有機物はどんな反応をするのかなぁ？」ということを研究する分野になる。**

あれ？　ベンゼンとベンゼンをくっつけるなら、反応するモノは有機物同士ですもんね……。どうして急に金属と有機物の反応が出てくるんですか？

勇樹 **山本先生は、金属と有機物の反応を研究する中で、ある驚異的な発見をしたんだ。**

数ある金属の中で、ニッケルがアリールハライドに反応する隙を作る。

!? あれだけ反応しないって言ってたアリールハライドがですか ??

勇樹 **ポイントはニッケル錯体だ！！**

ニッケル錯体 ??　……といいますと ??

勇樹 **ニッケル錯体は“ニッケルと有機物がくっついたもの”と思っておこう。山本先生の専門の「金属と有機物でできた化合物＝錯体」だね。**

このニッケル錯体はどんな特徴があるんですか？

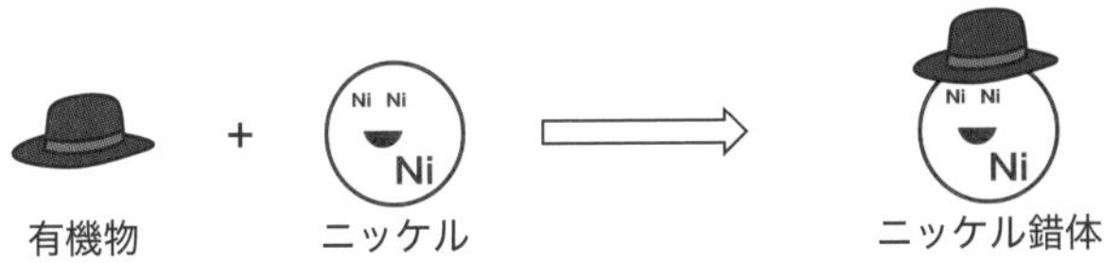

専門的な書き方

勇樹　一言でいうと、ニッケル錯体はコミュ力抜群のナイスガイ。
いじめっ子の塩素と炭素の、2人同時に話しかけて電子をあげることで、その間にすっぽり入ってしまうんだ。これはいじめっ子の塩素を炭素から引き離すことに成功したことを意味する。つまり、アリールハライドに反応する隙ができたんだ!!

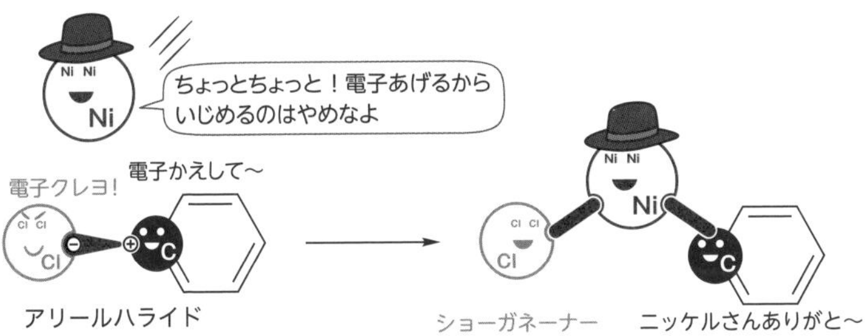

ちょっとちょっと！電子あげるから
いじめるのはやめなよ
電子クレヨ!
電子かえして〜
Cl
C
アリールハライド
Ni
Cl
C
ショーガネーナー
ニッケルさんありがと〜

専門的な書き方

ニッケルさん……素敵……！

勇樹

いじめっ子のハロゲン（塩素）にもあっさり取り入ってしまうのは、実に驚異的なコミュニケーション能力だね。
今では【酸化的付加（さんかてきふか）】と呼ばれるこのプロセスは、現在、アリールハライドに反応する隙を作る最も基本的な戦略になっている。

なるほど～すごいですね！
でもニッケルが入っただけではベンゼン環とベンゼン環をくっつけられないですよね??

勇樹

そうだね。これではアリールハライドに隙を作っただけだ。
それだけだとベンゼン環とベンゼン環をくっつけるというゴールには遠い。しかし、山本先生は、もう一つ大きなヒントを発見している。

ニッケル錯体は、炭素と炭素をつなぐ役割がある。

勇樹

ニッケルは大人だ。別に自分が炭素とつながっておくことに執着しない。むしろ自分の周りに炭素が2人いると、その炭素を友達同士としてくっつけて自分は去っていくんだ。

わわ！　キューピッドみたいな役割もしちゃうんですね！！

勇樹

ニッケルが橋渡しとなって、炭素と炭素をつなぐ。この過程を現在では【還元的脱離（かんげんてきだつり）】という。

アリールハライドの間に入り込めるし、その後ちゃんと炭素と炭素をくっつける。もうすぐ、ベンゼン環とベンゼン環をくっつけてビアリールを合成することができそうですね！

勇樹

そう思うよね。だけど、【酸化的付加】と【還元的脱離】という、これだけのヒントに満ちた研究成果をあげながら、ニッケル錯体を利用してベンゼン環とベンゼン環をくっつける手法をはじめに開発したのは山本先生ではなかったんだ。

え!?　そうなんですか??

勇樹　これは山本先生の専門分野である錯体化学が、ベンゼン環とベンゼン環をくっつけようとする分野と遠かったことが原因と考えられる。実際に山本先生は、基本的に金属（例えばニッケル）がどんな反応をするのか？に興味があったため、「有機物であるベンゼン環をくっつける反応へ応用するアイデアが当時ひらめかなかった」という旨のコメントを述べている[3]。

そのくらい、ベンゼン環をくっつける手法の解決のヒントは、意外なところから出てきたんですね！！

勇樹　そういうこと！

第4週 革命の時 ―熊田・玉尾・コリューカップリング―

勇樹　**先週の話をまとめると、山本明夫先生は重要な二つの発見をした。**

❶ ニッケルがアリールハライドと反応し、錯体ができて、反応する隙を作る。【酸化的付加】

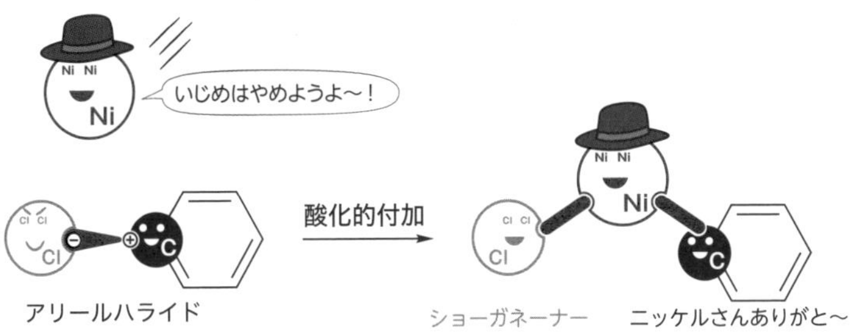

Ni Ni
Ni
いじめはやめようよ〜！
Cl Cl
Cl
C
酸化的付加
Ni Ni
Ni
Cl Cl
Cl
C
アリールハライド
ショーガネーナー
ニッケルさんありがと〜

❷ 炭素を二つ持ったニッケル錯体は、炭素と炭素をつなぐことができる。【還元的脱離】

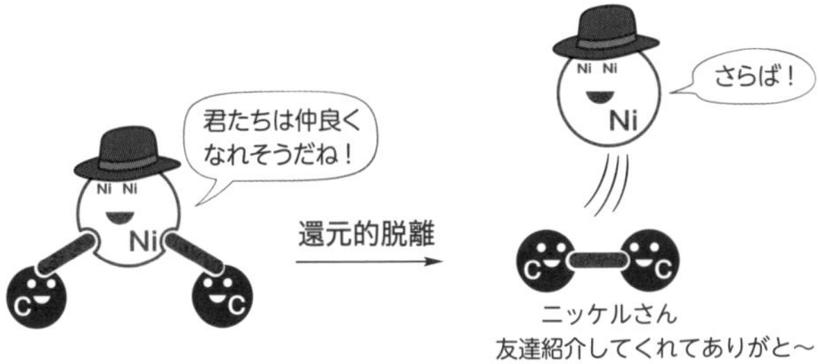

君たちは仲良くなれそうだね！
Ni Ni
Ni
C
C
還元的脱離
さらば！
Ni Ni
Ni
C
C
ニッケルさん
友達紹介してくれてありがと〜

だけど、ベンゼン環とベンゼン環をくっつける方法への応用はまだできてなかったんですよね。

勇樹　そんな中、山本明夫先生の論文を読んで、三つ目のアイデアを加えることで、ベンゼン環とベンゼン環をつなぐ革命的な反応を実現できることに気がついた研究者たちが日本にいたんだ。京都大学の熊田誠先生と玉尾皓平先生の研究グループだ[4]。

熊田　誠（1920–2007）
熊田先生の退官記念誌より転載

玉尾皓平（1942–）
出典：文部科学省ホームページ

三つ目のアイデア！?

勇樹　足したアイデアは非常にシンプルだ。山本先生の二つの知見の間に、ちょうど橋渡しとなるアイデアを足したんだ。

❶ニッケルがアリールハライドに入り込む。【酸化的付加】
❷ニッケルがグリニャール試薬を友達として紹介する。【トランスメタル化】
❸ニッケルが炭素と炭素をつなぐ。【還元的脱離】

ん〜イミフですね〜。そもそもグリニャール試薬って誰ですか！?

勇樹　**そういえば紹介してなかったね。グリニャール試薬[5]はいうなれば、リチウム試薬の親戚だ。リチウム（Li）の代わりにマグネシウム（Mg）が炭素（C）にくっついている。リチウムもマグネシウムも炭素に電子をあげて、炭素マイナスになるという点では、似たもの同士だ†。**

リチウム試薬

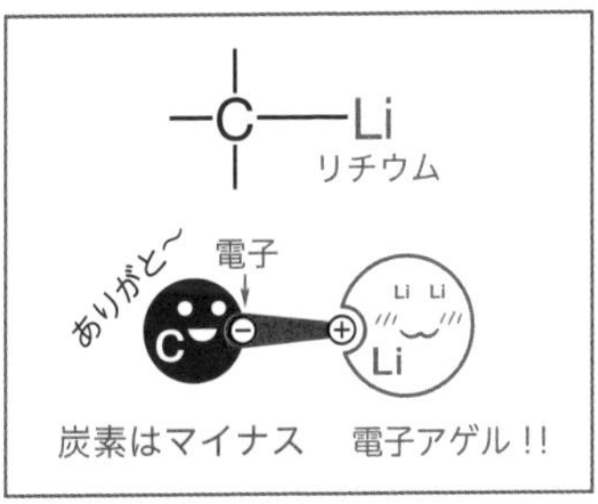

グリニャール試薬

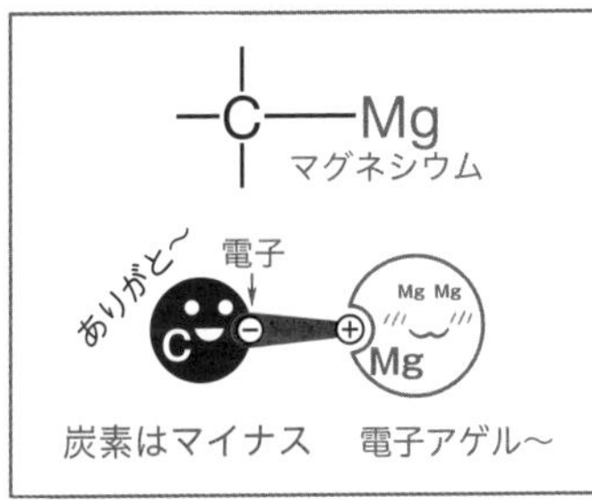

なるほど〜グリニャール試薬さんもいい子なんですね。ところで、❷の【トランスメタル化】？が足されていますけど、どういうことですか??

勇樹　**文字だと難しいかもしれないね。絵にすると次ページの図みたいな感じ。いじめっ子の塩素（Cl）を炭素から引き離した後、ニッケルはいじめられていた炭素に、電子をいっぱい持ったグリニャール試薬を友達として紹介するんだ。**

そんなお見合いのセッティングまでするんですか!?　このニッケルさん、相当仕事できますね……。

†　著者注：マグネシウム試薬は発見者のグリニャール先生の名にちなみ、グリニャール試薬と一般的に呼ばれる。

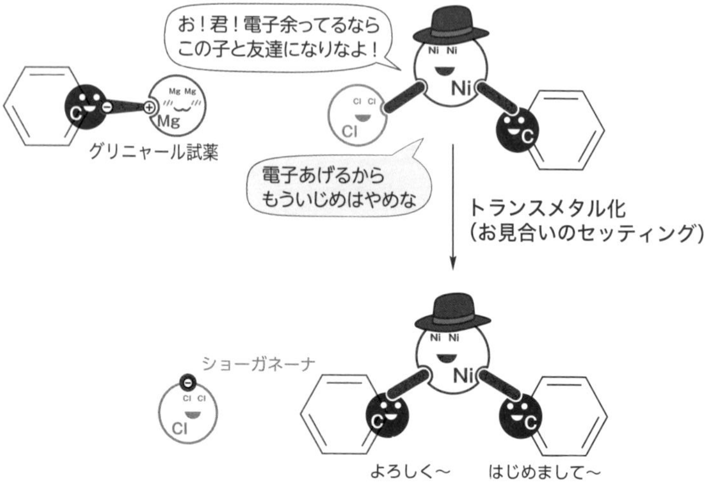
お！君！電子余ってるなら
この子と友達になりなよ！
グリニャール試薬
電子あげるから
もうういじめはやめな
トランスメタル化
（お見合いのセッティング）
シヨーガネーナ
よろしく〜
はじめまして〜

勇樹　**この【トランスメタル化】というアイデアでニッケルの仕事は完璧になり、ベンゼン環とベンゼン環をつなぐことができる。これまでのニッケルの仕事を、次の図にまとめてみよう。**

勇樹　**どうだろう？　❶で塩素と炭素の間に入り込んで、❷でグリニャール試薬とのお見合いの場をセッティングし、❸で炭素と炭素をつないでいるね。うまく山本先生の知見が橋渡しされて、ベンゼン環とベンゼン環をつなぐ反応になっていることがわかるだろう。**

わぁ！　ついにベンゼン環とベンゼン環がくっつきましたね！
あと、反応式が円になっていますね……。高校の授業では見たことないですけど、なんだかおしゃれです〜。

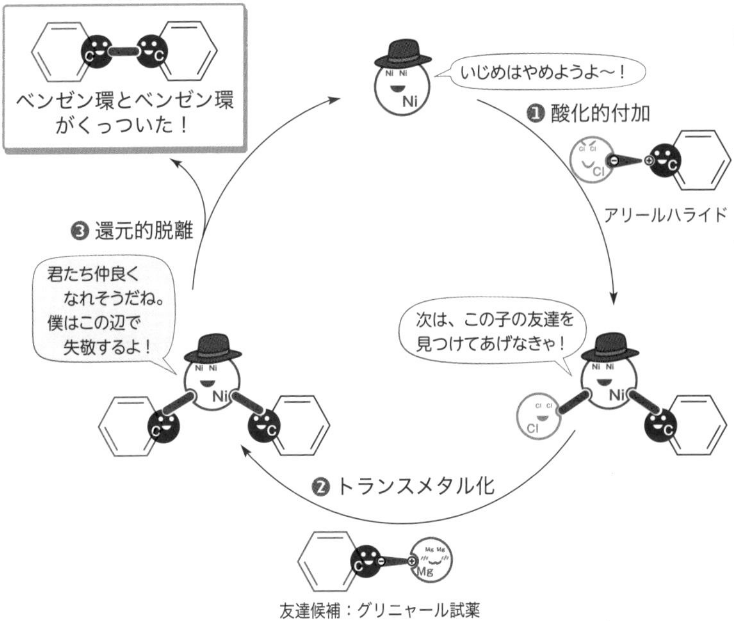
ベンゼン環とベンゼン環
がくっついた！
いじめはやめようよ～！
❶ 酸化的付加
アリールハライド
次は、この子の友達を
見つけてあげなきゃ！
❷ トランスメタル化
友達候補：グリニャール試薬
❸ 還元的脱離
君たち仲良く
なれそうだね。
僕はこの辺で
失敬するよ！

勇樹　いいところに気がついたね！　時計でいうと12時の位置にあるニッケルから始まって、ぐるっと一周回って元の場所に戻っている。これが何を意味するのかというと、ニッケルは一人で何度もベンゼン環とベンゼン環をつなげる仕事をすることを意味するんだ。

えぇ！　ニッケルさんが成立させるカップルは一組だけじゃないんですね！　ニッケルさんメチャクチャ働き屋さんじゃないですか！！

勇樹　本当に働き者のナイスガイだ。こういった、何度も働くものを“触媒”という。
逆にとらえると、ビアリール化合物を100作りたいときでも、必要なニッケルは1か2といった“少量で十分”なんだ。
最初にうまくいかなかった反応を思い出してみよう。グリニャール試薬とアリールハライドは、それぞれ炭素マイナス/炭素プラスでありながら、全く反応しなかった（下図❶）。ところが、耳かき一杯程度のニッケルを加えると、あら不思議、全く反応しなかったものが今度は完璧に反応してしまう（下図❷）。

❶ うまくいかない反応

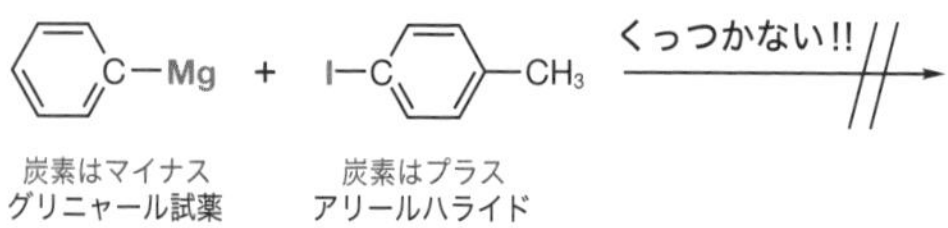

❷ 熊田先生と玉尾先生が見つけた反応

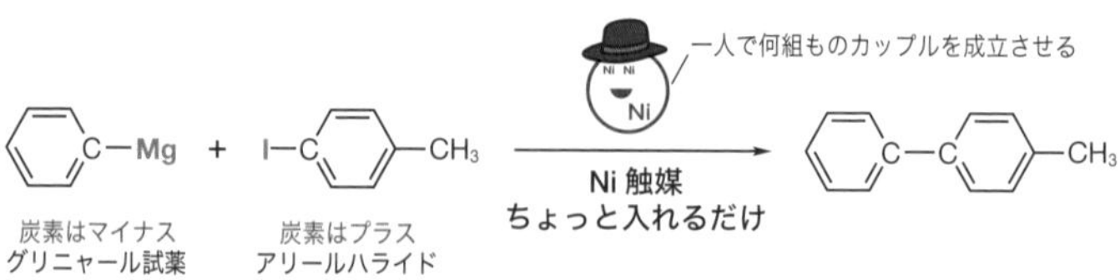

ニッケルをほんのちょっと入れただけで、さっきまで全くうまくいかなかったことができるようになるんですね！！　まるでおとぎ話にでてくる魔法の粉みたいですね。

勇樹　魔法の粉は言い得て妙だね。
魔法の粉の効果は抜群で、熊田先生と玉尾先生が開発した方法は、ウルマンカップリングの問題を見事に解決しながらベンゼン環とベンゼン環をくっつけることができる。ウルマンカップリングは同じ種類のベンゼン環同士しかくっつけられなかったが、熊田先生・玉尾先生の反応は左右異なるビアリールを簡単に作ることができる。さらに、ウルマンカップリングは200℃以上の高温が必要だったが、熊田先生・玉尾先生の反応は40℃くらいと、お風呂の温度で反応が進行する。またウルマンカップリングは大量の銅試薬を使用する環境破壊型の反応だけど、熊田先生・玉尾先生の反応は、ニッケルをちょっと入れるだけで済む。

	ウルマンカップリング	熊田先生・玉尾先生の反応
合成できるビアリール	同じ種類のベンゼン環しかくっつけられない	異なる種類のベンゼン環をくっつけられる
反応温度	200℃以上	40℃程度
使う金属	大量の銅試薬	少量のニッケル触媒

めちゃくちゃエコになりましたね。

山本先生に続いて、こんなすごい発見を日本の先生が見つけたんですね～。

勇樹　この分野に対する日本の先生方の貢献は本当にすさまじいんだよね。
今ではこの反応は、熊田・玉尾・コリューカップリングと呼ばれている。

ん??　熊田・玉尾・コリューカップリングって、言ってますけど、コリューって誰ですか??

勇樹

コリュー先生はフランスの先生で、熊田先生や玉尾先生とは全く別の研究グループなんだ。

??　ますますわかりません。コリュー先生はどうして反応の名前に入ってるんですか？

勇樹

コリュー先生ははるか海を隔てたフランスで、熊田先生・玉尾先生とほとんど同じ発見を、ほぼ同時期に発表したんだ！[6]

えぇ～!?　そんな奇跡があるんですか??

勇樹

奇跡というよりはむしろ必然かもしれない。研究の世界は熾烈（しれつ）な競争の世界で、山本先生の論文を読めたのは熊田先生や玉尾先生だけでは当然ない。フランスでコリュー先生も同じように山本先生の論文を読むことができたんだ。
今では、熊田・玉尾・コリューカップリングと呼ばれるこの反応だけど、もし熊田先生と玉尾先生の論文発表が遅れていれば、コリューカップリングと呼ばれただろうし、逆なら、コリュー先生の名前は入っていなかっただろうね。

うわぁ～ちょっとでも遅れちゃったらダメなんですね。研究って怖いですねぇ。

勇樹　まったくその通りだね。この70年ほど未解決だった問題を解決する歴史的業績がほぼ同時に報告されたことは、本当に恐ろしい。だけど、さっきも言ったようにこれは偶然ではない。山本先生の論文が熊田先生・玉尾先生・コリュー先生、それぞれにインスピレーションを与えた、ってことなんだ。

そっか〜。研究も歴史みたいに、流れがあって、出来事には必然性があったりするんですね。

国際シンポジウム「クロスカップリング反応30周年」(2001年7月28日、京都) にて
左から熊田先生、玉尾先生、コリュー先生
撮影：山本明夫　提供：玉尾皓平

第5週 周期表の旅人

1 熊田・玉尾・コリューカップリングを超えるために

勇樹　**先週の話を簡単に復習しよう。熊田先生・玉尾先生・コリュー先生は、**

> **❶ニッケルがアリールハライドに入り込む。【酸化的付加】**
> ❷ニッケルがグリニャール試薬を友達として紹介する。【トランスメタル化】
> **❸ニッケルが炭素と炭素をつなぐ。【還元的脱離】**

という【酸化的付加】→【トランスメタル化】→【還元的脱離】のベンゼン環とベンゼン環をつなぐ有力な定跡を確立したんだったね（次ページの図で復習しよう）。

熊田先生、玉尾先生、コリュー先生のおかげで、ベンゼン環とベンゼン環がすごく簡単にくっつけられるようになりましたし、めでたしめでたしですね！

勇樹　**ん？　なんかこのベンゼン環とベンゼン環をつなぐ旅が終わったと思ってない？**

え？　だって、熊田・玉尾・コリューカップリングはウルマンカップリングの問題点を全部解決したじゃないですか??

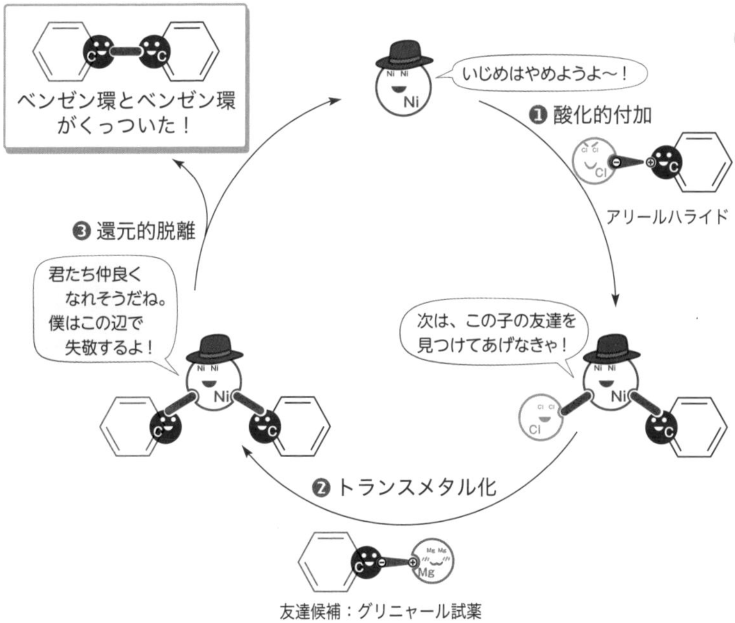
ベンゼン環とベンゼン環
がくっついた！
いじめはやめようよ～！
❶ 酸化的付加
アリールハライド
次は、この子の友達を
見つけてあげなきゃ！
❷ トランスメタル化
友達候補：グリニャール試薬
❸ 還元的脱離
君たち仲良く
なれそうだね。
僕はこの辺で
失敬するよ！

勇樹　まだ、研究者という生き物のことをわかっておられないようだな。

え？　まだ何かあるんですか？

勇樹　研究者がやることは二つ。
① 過去にいちゃもんをつける。
② その解決を高らかに宣言する。

あの熊田・玉尾・コリューカップリングにいちゃもんつける気ですか！??　それは失礼じゃないですか！?

勇樹　無礼な気持ちからいちゃもんをつけるのではないんだ。むしろ熊田・玉尾・コリューカップリングに最大限の敬意を払うからこそ、熊田・玉尾・コリューカップリングの問題点を誰よりも考え、それを解決しようとするんだ。もっとよりよい方法にするために。

ん～……。いうなれば師匠を超えようとする弟子的なイメージですか??

勇樹　面白いたとえだね。確かに昔の研究者は、今の研究者の師匠みたいなものだ。今の研究者は、いろいろなことを過去の研究者から教わり学ぶんだ。ただ、いつまでも過去の研究者に教わってばかりでは全く進歩がない。後世の研究者は、どこかで昔の研究者を超えていかなければならないんだ。

なるほど～。その過去を超えようとする試みの積み重ねで、科学が発展していくんですね。でも熊田・玉尾・コリューカップリングに何か問題でもあるんですか??

勇樹　画期的であった熊田・玉尾・コリューカップリングだが、無敵ではなかったんだ。
熊田・玉尾・コリューカップリングの弱点は、ズバリ「炭素マイナスとしてグリニャール試薬を用いる」ことだ。

めちゃくちゃ根本的な問題じゃないですか！　でも、グリニャール試薬を使うことの何が問題なんですか??

勇樹　例えば下のような反応を考えてみよう。ニッケル触媒がある状態で、グリニャール試薬とアリールハライドを混ぜてみるとどうなるだろう？

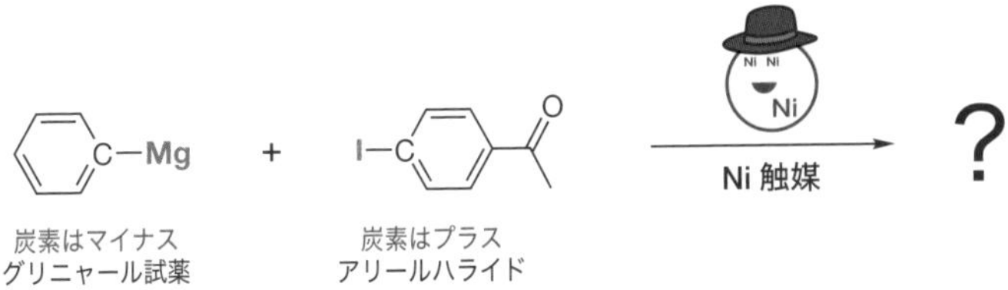

ふふん♪簡単ですね！　ニッケル触媒があるので、熊田・玉尾・コリューカップリング反応でくっつきます！！

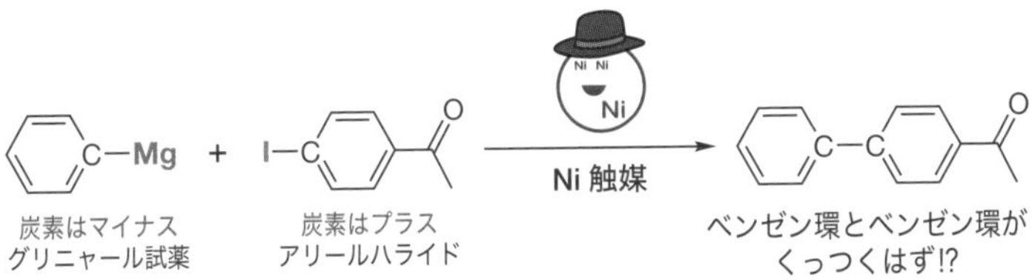

勇樹　そう思うよね。
が、実はそうはならない。この反応は失敗する。

はぁ??　イミフなんですけど!?　熊田・玉尾・コリューカップリングでグリニャール試薬とアリールハライドがくっつくって言ってたじゃないですか??

勇樹　グリニャール試薬の性質を思い出してみよう。グリニャール試薬はリチウム試薬の親戚だ。炭素マイナスとして、いろいろな炭素プラスと反応する。だから、C＝O結合ことカルボニルともくっついてしまう。

そういえば最初の方（p.29）で、そんな話しましたね。

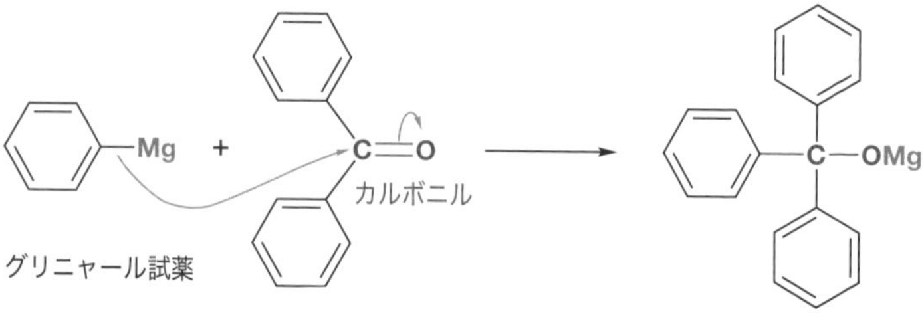

勇樹　グリニャール試薬は炭素マイナスとして、いろいろな炭素プラスと反応することができる。この性質は、反応させたいときは便利な性質だ。
しかし、これは逆にグリニャール試薬が誰にでも電子をあげる優柔不断な性格であることを意味している。そして、さっきの反応において電子の欲しい炭素プラスは2人いる。アリールハライドの炭素とカルボニルの炭素だ。

グリニャール試薬はどちらに電子をあげるんですか？

勇樹　状況を考えてみよう。アリールハライドの炭素はヨウ素とベンゼン環に囲まれ、人目につかない。ニッケルさんの紹介でやっとグリニャール試薬から電子をもらえるんだ。一方、カルボニルの炭素はニッケルさんの紹介なく電子をもらえる。
そうなると、グリニャール試薬は真っ先に目につきやすいカルボニルに電子をあげてしまうんだ。

ニッケルさんがお見合いをセッティングする間もなく、他の炭素に電子をあげちゃうんですね……。

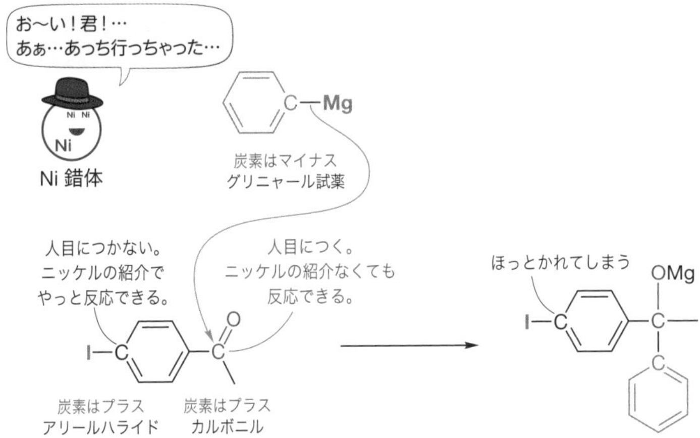

勇樹　**そう！　グリニャール試薬はアリールハライドに電子をあげる前に、カルボニルと反応してしまうんだ!!　結果、ベンゼン環とベンゼン環をつなぐという目的を達成することはできない。**

なるほど〜！　そういわれると確かに反応がうまくいかなそうですね。

勇樹　**グリニャール試薬は炭素マイナスとしての反応性が高く、カルボニル以外にもいろいろなプラス成分に電子を与えてすぐに売り切れてしまう。なので、ニッケルさんは友達紹介できなくなってしまうんだ[7]（次ページ図）。**

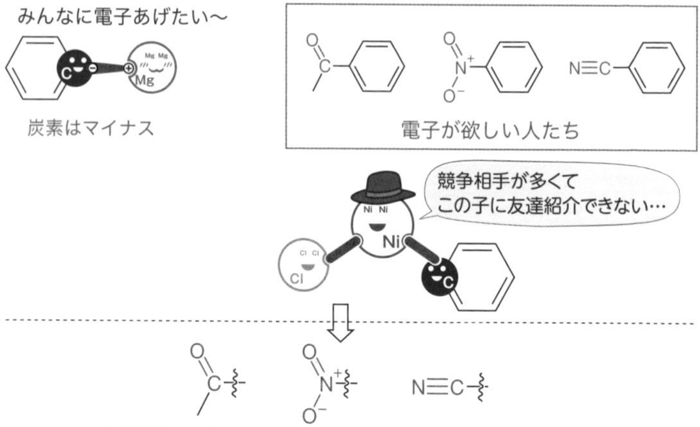
みんなに電子あげたい～
炭素はマイナス
電子が欲しい人たち
競争相手が多くて
この子に友達紹介できない…
N≡C
N≡C

などがあると熊田・玉尾・コリューカップリングは失敗する

勇樹　以上の理由から、熊田・玉尾・コリューカップリングは、いろいろなパーツを残してベンゼン環とベンゼン環をつなぐことはできない。熊田・玉尾・コリューカップリングによって簡単にベンゼン環とベンゼン環をつなぐことができるようになったが、つなげることのできるベンゼン環は非常に限られているんだ！

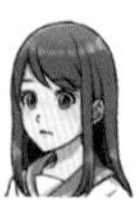

そんな問題があったんですね……！　でも、熊田・玉尾・コリューカップリングではできないことがあるのはわかったんですけど、それがそんなに問題なんですか??

勇樹　かなり大きな問題なんだ。役に立つ分子は、多くの場合、グリニャール試薬と反応してしまうようなパーツを持っているからね。例えば次ページの分子Aは、医薬品を作る原料になる分子だけど、これらの分子は熊田・玉尾・コリューカップリングでは作ることができない。

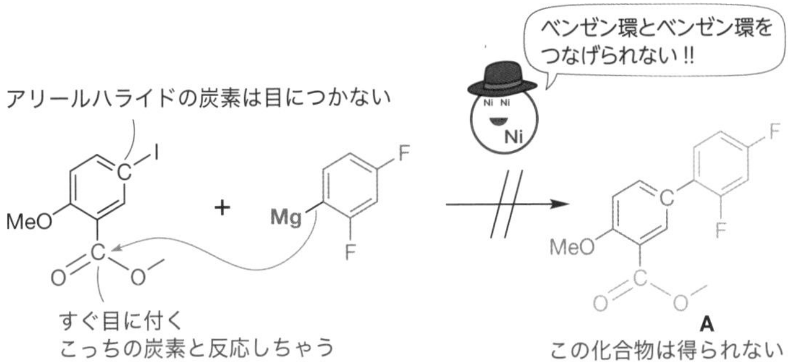
ベンゼン環とベンゼン環を
つなげられない!!
アリールハライドの炭素は目につかない
MeO
Mg
F
Ni
すぐ目に付く
こっちの炭素と反応しちゃう
A
この化合物は得られない

そっか〜……。薬とか有機ELとか作れるからベンゼン環とベンゼン環をつなぎたかったのに、何かの特定のパーツがあるだけで反応が失敗すると、やっぱり作れないですもんね。

勇樹

このように、あるパーツがベンゼン環についていると反応が失敗してしまう問題を“官能基許容性が低い”と専門的には言う。まぁ、官能基許容性という言葉は覚えなくていいけど、熊田・玉尾・コリューカップリングでくっつけられるベンゼン環の種類は実はすごく限られていることはわかって欲しい。

さっきまで、無敵に思えてた熊田・玉尾・コリューカップリングにこんな弱点があったんですね……！

2 周期表を旅する根岸英一

でも、熊田・玉尾・コリューカップリングで失敗しちゃう反応でもうまくいくためには、どうすればいいんですか??

勇樹　熊田・玉尾・コリュー先生の発見後の当時の研究者たちはその悩みを持っただろうね。

もっと自由にベンゼン環とベンゼン環をつなぎたい！！

たくさんの研究者がこの願いを持つわけだけど、最も意欲的に取り組んだ研究者の1人が米国パデュー大学の根岸英一先生だ。

根岸英一（1935-2021）
ⓒ 時事

また日本の先生なんですね～！　アメリカの大学みたいですけど。

勇樹　根岸先生は東京大学卒業後、博士課程をアメリカの大学で取得した、いわばスーパーエリートだ。
当時、ニューヨークのシラキュース大学で研究していた根岸先生は、熊田先生と玉尾先生の論文に出会う。その内容によほどの衝撃を受けたらしく、根岸先生は当時たまたまアメリカにいた玉尾先生に講演を猛烈にお願いしたそうだ。
そして根岸先生は、いろいろなベンゼン環とベンゼン環をつなぐことができる、“クロスカップリング反応”の開発をライフワークとすることを決意する。

ん？　クロスカップリング?? ってなんですか??

勇樹

クロスカップリングは、異なるベンゼン環を狙い通りにつなぐ反応のことをいう。熊田・玉尾・コリューカップリングはその一種だね。ちなみに同じベンゼン環をつなぐ、ウルマンカップリングみたいな反応は“ホモカップリング”という。比較すると、いろんな種類のビアリール化合物が合成できるクロスカップリングの方が優れている。

クロスカップリング

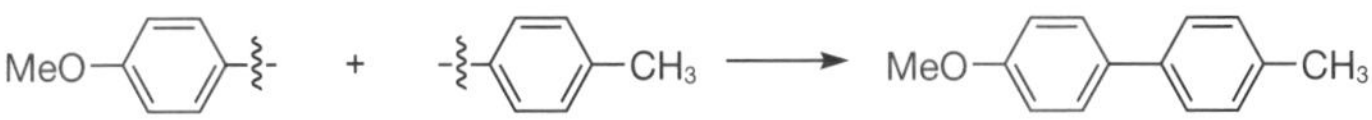

異なる種類のベンゼン環がくっつく

ホモカップリング

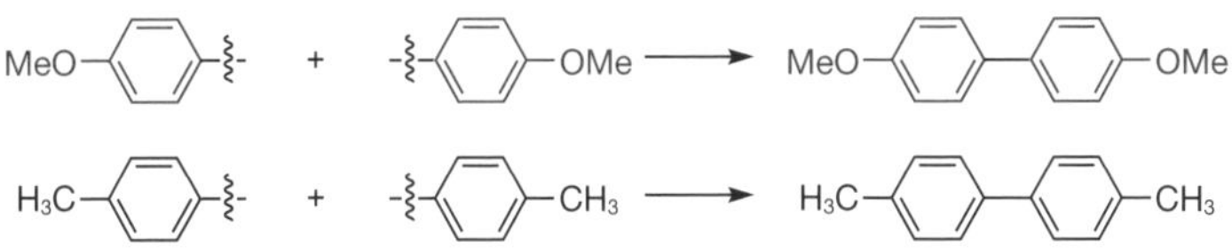

同じ種類のベンゼン環がくっつく

勇樹

そして、根岸先生は熊田・玉尾・コリューカップリングの問題を解決し、より優れたクロスカップリング反応の開発に取り組むことにしたんだ。

ベンゼン環とベンゼン環をつなぐ戦いに参戦したってところですね。根岸先生はどうやってさっきの問題を解決しようとしたんですか??

勇樹　グリニャール試薬は優柔不断で誰にでも電子をあげてしまうので、いろんなものと反応してしまう。そのため、グリニャール試薬を使う限り、狙いでない反応が起きてしまうことは避けられそうにない。そこで、根岸先生は優柔不断なグリニャール試薬を使うことをスッパリあきらめ、それに代わる反応剤を探すことにしたんだ。

逆転の発想ですね。グリニャール試薬が反応しすぎて問題なら、「そもそもグリニャール試薬を使わない」ってことですね。でも、あんないい人のグリニャール試薬さんの代わりに、どんな試薬を使えばいいんでしょうか??

勇樹　一言でいうと、もう少しだけ**ケチ**なやつだ。

え、ケチですか!?

勇樹　その通り。グリニャール試薬のように誰にでも電子をあげるわけでなく、人を選んで電子をあげる試薬を使うんだ。そうすれば、他の人に電子をあげちゃう問題を避けられるでしょ？　まぁケチすぎると誰にも電子をあげなくなっちゃうから、ちょうどいいケチさが大事なわけだけど。

ちょうどいいケチさですか〜!?　そんな都合のいい人がいるんですか??

勇樹　もちろん、簡単にはみつからなかった。
そこで根岸先生は「周期表を旅する」ことにしたんだ。

周期表って、あの学校で習った周期表ですか??

勇樹　その周期表だよ。周期表というのは、分子を構成する最も基本的なパーツである“原子”を、その性質によって整理して並べたもの。これまで出てきた炭素(C)、水素(H)、酸素(O)、リチウム(Li)、マグネシウム(Mg)、いずれも原子の一種で、それが組み合わさって有機分子ができているわけだね。

そしてグリニャール試薬は、炭素とマグネシウムがくっついた有機分子。マグネシウムはリチウムと同様、電子を相手にあげる性質があるので、グリニャール試薬は炭素マイナスになるんだったね。
根岸先生はマグネシウムを他の元素に置き換えることで、ちょうどいいケチさの分子が見つかるにちがいない、と考えたわけだ。

どんな元素を試されたんですか？

勇樹

亜鉛(Zn)、カドミウム(Cd)、ホウ素(B)、アルミニウム(Al)、スズ(Sn)、ジルコニウム(Zr)などなど、いろいろな元素を用いて研究されていたようだ。
根岸先生ほどいろんな種類の元素を駆使した有機化学者はいないだろうね。

そんなにいっぱい研究されたんですね……！

勇樹

そして、根岸先生は周期表を旅するうちに、亜鉛(Zn)試薬がちょうどいいケチさであることを発見した！　グリニャール試薬の代わりに亜鉛試薬を用い、さらに触媒としてニッケル(Ni)のかわりにパラジウム(Pd)を用いると、非常に実用性の高いクロスカップリング反応が実現できることが分かった[8]。

急に新しい登場人物がでてきましたね……。亜鉛試薬とかパラジウムってどんな人たちなんですか??

勇樹　簡単にいうと

・亜鉛試薬：ちょうどいいケチさで、カルボニルなどには電子をあげないが、コミュニケーション能力抜群のパラジウムさんには惚れていてすぐに電子を渡す。

・パラジウム触媒：仕事内容はニッケルさんと同じだが、さらにコミュニケーション能力に長けていて、ニッケルよりも仕事ができる。

というイメージだ。

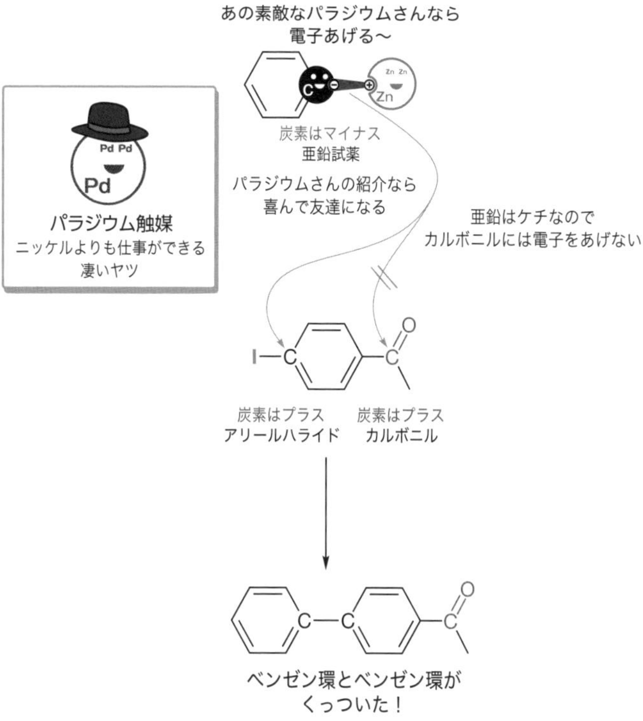
あの素敵なパラジウムさんなら
電子あげる～
Zn Zn
Zn
炭素はマイナス
亜鉛試薬
パラジウムさんの紹介なら
喜んで友達になる
亜鉛はケチなので
カルボニルには電子をあげない
Pd Pd
Pd
パラジウム触媒
ニッケルよりも仕事ができる
凄いヤツ
I—C
O
C
炭素はプラス
アリールハライド
炭素はプラス
カルボニル
C—C
O
C
ベンゼン環とベンゼン環が
くっついた！

グリニャール試薬は誰にでも優しいから、カルボニルにホイホイ電子あげていましたけど、ケチな亜鉛試薬はカルボニルには電子あげないから、ベンゼン環とベンゼン環をつなげられるんですね！
それにしても、そんなケチな亜鉛試薬からも電子を引き出すパラジウムってすごいですね。

勇樹　**まぁ、仕事ができる人はモテるってことだよ。**
この亜鉛試薬とパラジウム触媒を用いた反応は、現在"根岸カップリング"と呼ばれている。
根岸カップリングなら、熊田・玉尾・コリューカップリングでは作れなかった医薬品の原料となる(A)も簡単に作ることができる。

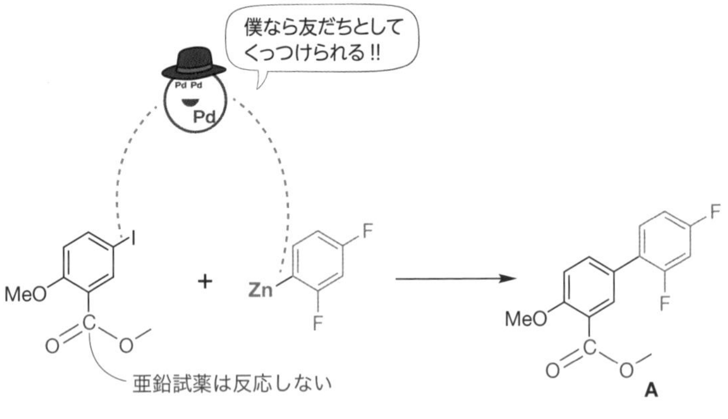

わぁ！　今度はすんなりベンゼン環とベンゼン環がくっつきましたね!!

勇樹　**この例に限らず、根岸カップリングならば、熊田・玉尾・コリューカップリングでは用いることのできないベンゼン環とベンゼン環を華麗につなぐことが**

できる。これは非常に重要で、合成できるビアリール化合物の種類が飛躍的に広がったんだ。
実際に、根岸カップリングは医薬品の合成等に応用されるようになった。非常に大きな成果であるが、この発見は偶然でなく根岸先生のフロンティア精神の賜物だろう。

根岸先生は周期表の旅人で、その旅の途中で根岸カップリングを見つけたんですね。

勇樹

そう、最初はベンゼン環とベンゼン環をつなげたいだけの旅だったはずなのに、いつの間にか周期表を地図に、いろんな元素を旅することになったんだ。
根岸カップリングを開発した、ってこと以上に、そういった旅する世界を広げたことが根岸先生の一番の功績かもしれないね。

根岸カップリング自体もすごいですけど、それ以上に研究の取り組み方がすごいってことですね。

勇樹

まさに、そういうこと。

根岸カップリングは相当すごくて無敵に思えるんですけど、ベンゼン環とベンゼン環をつなぐ反応はこれで完成ですか……??

勇樹

まだまだ！
無敵に思えても、それを超えるものは必ず出てくる。
来週は最強の反応を教えようか！

第6週 人類の到達点

1 最強の鈴木・宮浦カップリング

勇樹の授業前

母

あんた、二学期の中間テストは大丈夫そうなの？
期末テストの化学と数学は散々だったからね。

いつまでも期末テストのこと言わないでよ〜！　結構勉強してるし、大丈夫だよ〜！　たぶん……。

母

その嘆かわしい成績を改善するために勇樹先生に家庭教師頼んだんだからね。最近は勇樹先生に何教えてもらってるの？

えっと〜山本先生がニッケルでアリールハライドに反応する隙を作る方法見つけて、それを見た熊田・玉尾・コリュー先生が熊田・玉尾・コリューカップリングを見つけて、でも変な反応しちゃうことがあるから、根岸先生が周期表を旅して見つけた根岸カップリングでその問題解決した的な？

母

……あんた、この文脈なら学校のテスト範囲のことよ。

あ、そっち？　そっちは大丈夫だよ～。毎回授業始まりにある小テストもだいたい解けるようになったし！

母　**理数系科目でそこまで自信満々な理香ははじめて見るわね、頼もしい。今日は勇樹先生に何教えてもらうの??**

今日は、なんか最強の反応だって！！

母　**だからあんた……この文脈なら学校の内容のことよ。いや、まぁいいわ。そういう話を楽しくお話してくださるのは貴重だからね。**
きっと今日は鈴木・宮浦カップリングの話をしてくださるのね。

え？　すずきみやうら？　“最強の反応”っていうだけでわかるの??

母　**有機化学を大学で専門にしてたら誰でも知ってるくらいには有名ね。**

さすが元有機化学専門だね！　そういえば、お母さんは大学時代、勇樹先生みたいに有機化学を研究してたんだよね？

母　**そうね。随分前になるけど。**

へぇ～どんな研究してたの？

母　**!!**

どうしたの？　びっくりして？
あ、勇樹先生来たみたい。あとで教えてね！

母　まさか……理系科目壊滅で、頭は完全に夫似だと思っていたあの理香から、研究のこと聞かれる日が来るなんてね。

勇樹　よし！　じゃあ、今日はここまで。

やっと終わった～！
ここからが本番！　今日は最強の反応ですよね!?

勇樹　そうそう！　今日の反応は人類の叡智（えいち）の結晶ともいえる反応だよ。
軽く復習から始めよう。根岸先生が開発した根岸カップリングは、グリニャール試薬よりケチな（反応性が低い）亜鉛試薬を用いることで、カップリング反応の可能性と応用範囲を大きく広げたんだったね。

根岸先生がいろんな元素を試して見つけたんですよね♪

勇樹　しかし、亜鉛試薬はグリニャール試薬に比べるとケチで反応性が低いものの、やはり反応性はまだまだ高い。実際に、水や酸素といった強く電子を取るものと出会うと電子を取られて、炭素はマイナスでなくなってしまう。つまり、亜鉛試薬は空気中の水分や酸素で壊れてしまうんだ。

え!?　水とか空気ってそんなに電子とるんですか??

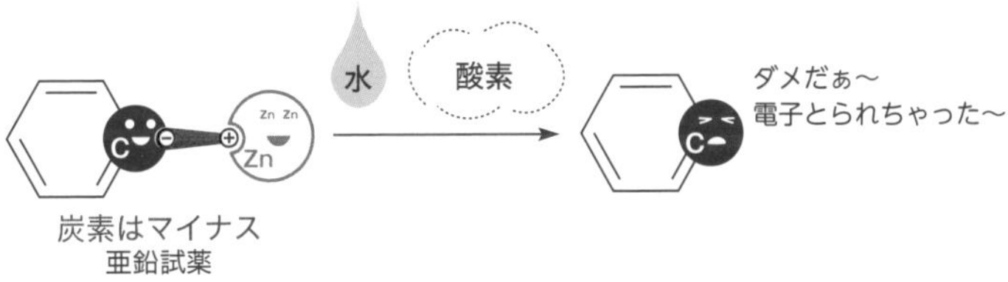

勇樹　そう、身の回りにあるから意外に思うかもしれないけど、酸素や水は反応性が高くて、グリニャール試薬や亜鉛試薬を壊してしまうんだ。

そうなんですかぁ？　空気で壊れちゃうなら、どうやって実験に使うんですか??

勇樹　特別なガラス器具を使って、フラスコ中の空気を追い出し、中に窒素ガスなどの反応性の低いガスを入れて、試薬は注射器を使って空気に触れないようにフラスコに加えるんだ。

えぇ～……。試薬を混ぜるだけかと思いきや、実際の実験はめちゃくちゃ大変なんですね。

勇樹　**そうだね。大学で初めて有機化学の実験に取り組む人は、教科書では“混ぜる”としか書いていないことが、これほど厳密で複雑な操作で行われていることに驚くよ。**

確かにこんな風に実験しているとは思いもしませんでした。

勇樹　**亜鉛試薬が空気中で壊れてしまうならば、亜鉛試薬よりもっとケチで酸素や水にすら電子をあげない試薬を使えば、空気中でも実験できる非常に便利なカップリングが実現できるだろう。**

根岸先生の亜鉛試薬よりもっとケチな試薬を使うんですか～!?

勇樹　**そう、そしてそれを実現したのが北海道大学の鈴木先生と宮浦憲夫先生だ。**

鈴木　章（1930-）
Ⓒ 北海道大学

宮浦憲夫
Ⓒ 北海道大学

鈴木先生と宮浦先生は、ホウ素(B)という、周期表でいうと炭素の隣の元素を専門としていて、炭素とホウ素がくっついた“ホウ素化合物”を使わせれば右に出るものがいないくらいのスペシャリストだ。

ということは鈴木先生と宮浦先生は“ホウ素試薬”を使ってベンゼン環とベンゼン環をつないだってことですか??

勇樹

その通り！　察しがいいね。当時は、熊田・玉尾・コリューカップリングや根岸カップリングが発表されてベンゼン環とベンゼン環をつなぐ反応が非常に注目されていた。この歴史の流れの中で、鈴木先生と宮浦先生は、グリニャール試薬や亜鉛試薬の代わりに、自分の得意としていたホウ素試薬を使うことを思いついたんだ[9]。

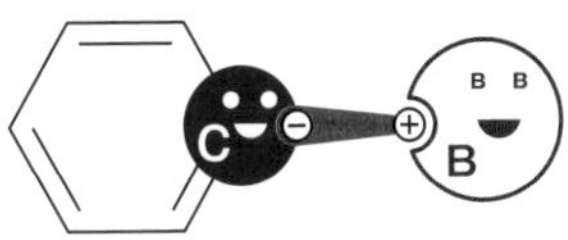

炭素はちょっとだけマイナス
ホウ素試薬

なるほど～アイデアとしては自分の得意と時代の流れを組み合わせた自然なものだったんですね。ところでその“ホウ素試薬”ってどんな特徴があるんですか??

勇樹

一言でいうと、ホウ素試薬はドケチな化合物といえる。誰にも電子をあげないんだ。実際にグリニャール試薬や亜鉛試薬が反応した多くの化合物と反応しない。

カルボニル化合物とも……
水とも……
空気とも……

ホウ素試薬は何とも反応しない。

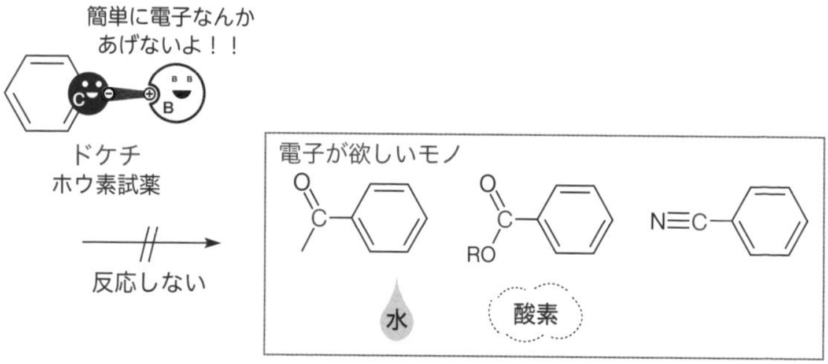

ホウ素試薬はめちゃくちゃケチなんですね……。

勇樹　**ケチで誰にも電子をあげないということは、一般的に、有機反応に使いにくいということを意味する。**

そもそも反応しなかったら意味ないですもんね。

勇樹　**そんななか、鈴木先生と宮浦先生は発想を逆転させて、こんなことを考えた。**
「ほとんどの場合反応しないドケチなホウ素試薬を、もしカップリング反応に使うことができたらどうなるだろう??」

え!?　どうなるんですか??

勇樹　結論からいうと、どんなベンゼン環とベンゼン環もつなぐことができるんだ！　例えばグリニャール試薬と反応しそうなパーツがあろうが、亜鉛試薬と反応しそうなパーツがあろうが、余裕でくっつけることができる。なぜならホウ素試薬はどんなパーツにも電子をあげず、反応しないから。

もしホウ素試薬とアリールハライドがくっつけられたら

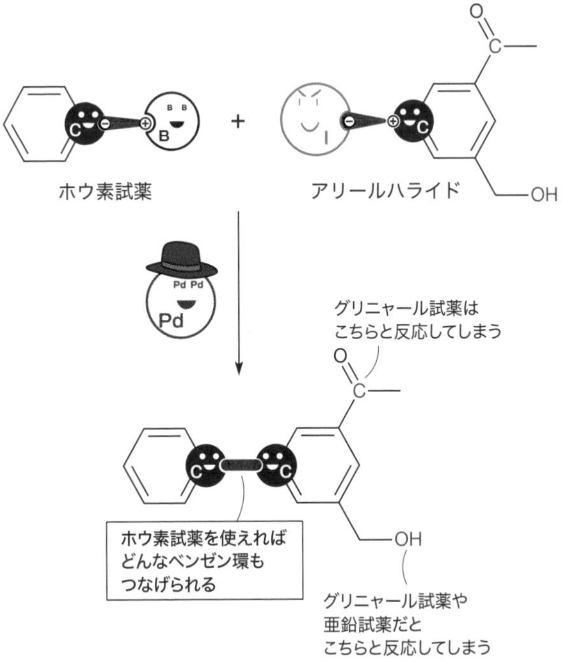
O
C
C
B B
B
+
C
ホウ素試薬
アリールハライド
OH
Pd Pd
Pd
グリニャール試薬は
こちらと反応してしまう
O
C
C
C
ホウ素試薬を使えれば
どんなベンゼン環も
つなげられる
OH
グリニャール試薬や
亜鉛試薬だと
こちらと反応してしまう

勇樹　しかもホウ素試薬は空気中の酸素や水と反応しないから、空気中で細かいことを気にせずビーカーに試薬を適当に放り込むだけで簡単に実験を行うことができるはずだ（次ページ写真）。

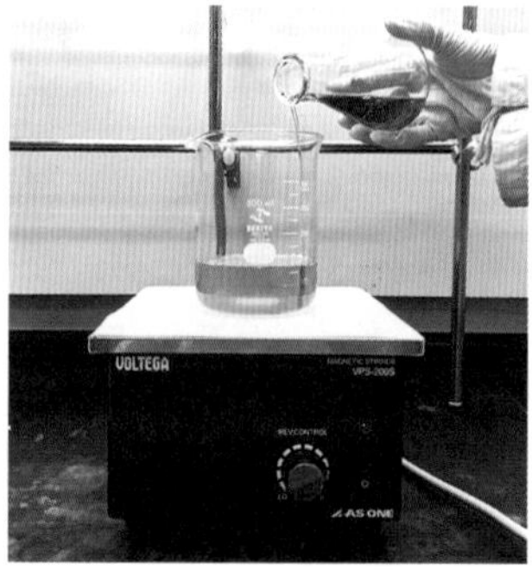

むちゃくちゃ簡単そうな実験風景じゃないですか！?

勇樹

どんなベンゼン環もつなぐことができて、実験は超簡単！　まさに最強のベンゼン環とベンゼン環をつなぐ方法になるだろう！！

すごいですね！　でもそんなにケチで何とも反応しないホウ素試薬が、都合よくカップリング反応だけするんですか？

勇樹

めちゃくちゃいい質問だね！！　実はパラジウムさんがいたとしても、ホウ素試薬は全く反応しない！
なんせホウ素試薬はドケチだからね。

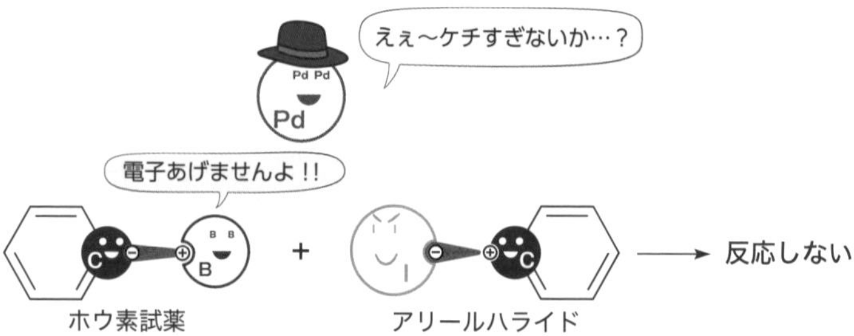

はぁ??イミフ!! 反応しないなら、そんなの絵に描いたお餅じゃあないですか!!

勇樹

まぁまぁ、落ち着いて。反応のメカニズムに立ち返ろう。反応性が低いホウ素試薬を用いたカップリング反応は以下のメカニズムが想定されるはずだ。

- ❶パラジウムがアリールハライドに入り込む。【酸化的付加】
- ❷ホウ素試薬を友達として紹介する。【トランスメタル化】
- ❸パラジウム錯体が炭素と炭素をつなぐ。【還元的脱離】

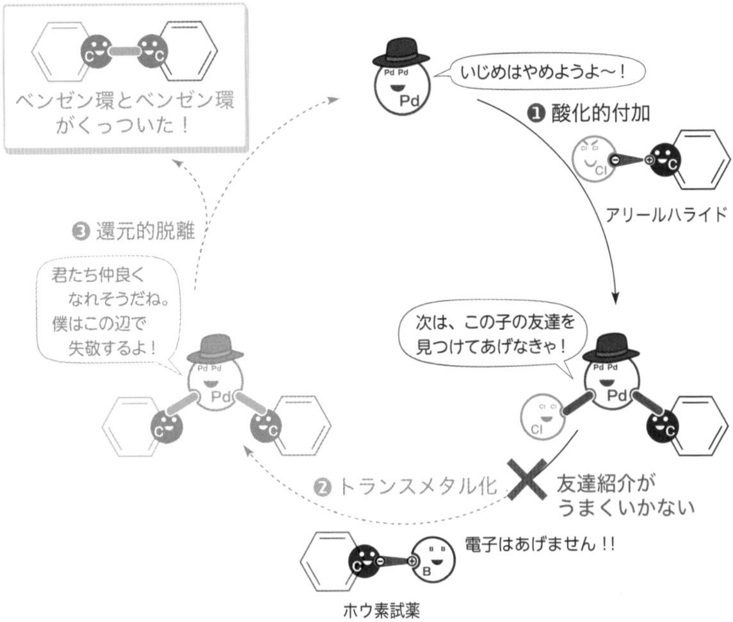
ベンゼン環とベンゼン環がくっついた!
いじめはやめようよ〜!
❶酸化的付加
アリールハライド
次は、この子の友達を見つけてあげなきゃ!
❸還元的脱離
君たち仲良くなれそうだね。僕はこの辺で失敬するよ!
❷トランスメタル化
友達紹介がうまくいかない
電子はあげません!!
ホウ素試薬

熊田・玉尾・コリューカップリングではグリニャール試薬だったところがホウ素試薬に置き換わると、❷の友達紹介がうまくいかないんですね。

勇樹 **そう、ホウ素試薬はドケチすぎて、あのコミュニケーション能力抜群のパラジウムさんにも電子をあげないんだね。**

ん〜ケチにもほどがありますよ〜！

勇樹 **そこで鈴木先生と宮浦先生は「ホウ素がケチすぎるなら事前にお小遣いをあげておけばいいのでは？」と考えた。**

えぇ〜？　お小遣いですか！？　ホウ素試薬にお小遣いをあげるってどういうことですか？

勇樹 **“塩基”と呼ばれる試薬を加えるんだ。ホウ素試薬は“塩基”という電子のお小遣いを受け取るとボレートと呼ばれる若干気前のいい状態になる。**

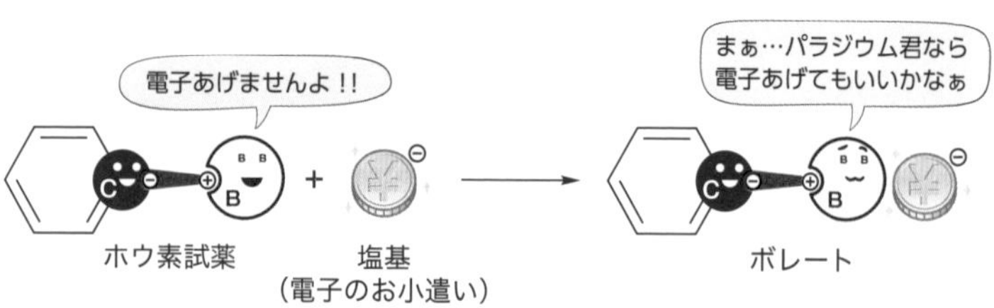

専門的な書き方

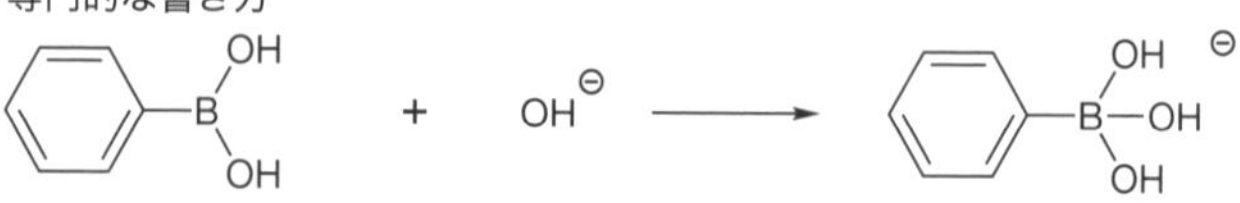

勇樹　ボレートになってもケチはケチだけど、あのコミュニケーション能力お化けのパラジウムさんになら電子をあげてもいいかなぁ、なんて思うようになる。

普段はドケチなのに、ちょっとお小遣いもらうと気前が良くなるって……。なんとなくホウ素って人間臭いですね。

勇樹　こうして鈴木先生と宮浦先生は、塩基というお小遣いをホウ素試薬に渡す新工夫で、あらゆるといっていいビアリール化合物を合成できる手法を実現したんだ。反応のメカニズムを次ページ図Aにまとめよう。

❶パラジウムがアリールハライドに入り込む。【酸化的付加】
❷ホウ素試薬は塩基（お小遣い）をもらい、ボレートという気前の良い状態になる。
❸ボレートを友達として紹介する。【トランスメタル化】
❹パラジウム錯体が炭素と炭素をつなぐ。【還元的脱離】

ずいぶん複雑ですけど、要はホウ素がお小遣いもらってボレートになると気前が良くなって、パラジウムさんの友達紹介に応じる、ってイメージですね！

勇樹　そういうこと！　まとめると次ページの図Bみたいな感じになるね。

ホウ素試薬、アリールハライド、パラジウム触媒、そしてお小遣いの塩基を加えておくだけなんですね。こう書くとシンプルですね。

A

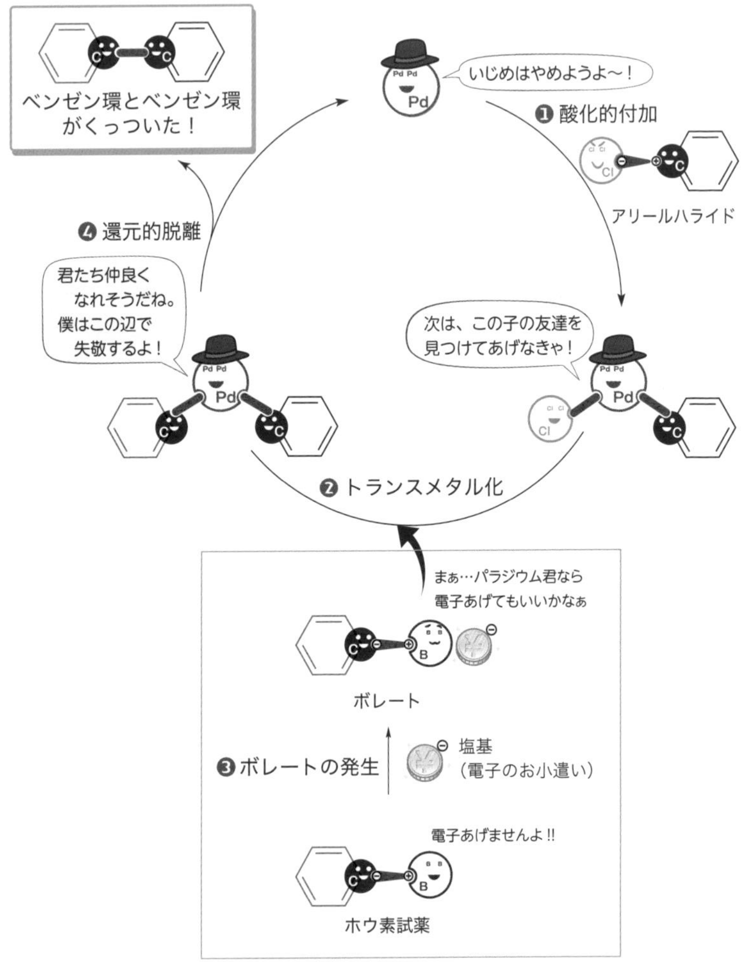

ベンゼン環とベンゼン環
がくっついた！
いじめはやめようよ～！
❶酸化的付加
アリールハライド
次は、この子の友達を
見つけてあげなきゃ！
❷トランスメタル化
君たち仲良く
なれそうだね。
僕はこの辺で
失敬するよ！
❹還元的脱離
まぁ…パラジウム君なら
電子あげてもいいかなぁ
ボレート
❸ボレートの発生
塩基
（電子のお小遣い）
電子あげませんよ!!
ホウ素試薬

B　まとめ

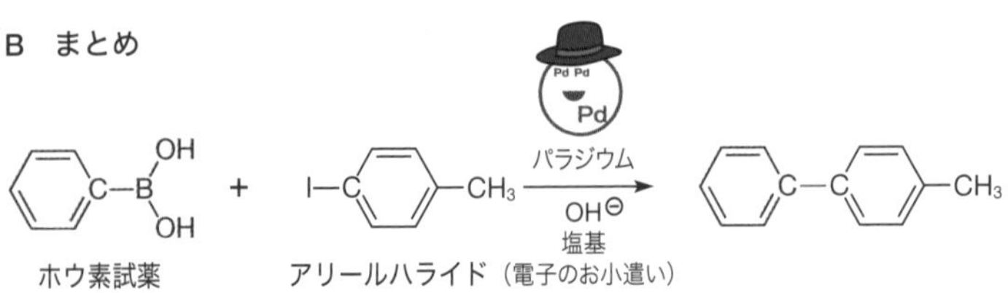

OH
C—B
OH
+
I—C
CH3
パラジウム
OH⊖
塩基
C—C
CH3
ホウ素試薬
アリールハライド（電子のお小遣い）

勇樹　これで、あらゆるベンゼン環とベンゼン環をつなげられるからすごいんだよね。

2 最強の反応が変える世界

ついにホウ素試薬を使っていろんなベンゼン環とベンゼン環をつなげられるようになったってことはわかったんですけど、そんなにすごい進歩なんですか??

勇樹　一見、これまでマグネシウムや亜鉛を用いていたところをホウ素に置き換えただけの、ちょっとした違いにも思える。しかし、これは重要な違いで、鈴木・宮浦カップリングは最強の名にふさわしい爆発的な展開を見せる。

そんなにですか!?

勇樹　そんなにだ！　ひとつずつ見ていこう。

❶ 工業的応用

勇樹　さっきも言ったようにグリニャール試薬や亜鉛試薬は、空気や水と反応して失活してしまうため、空気や水を完全に遮断して実験を行わなければならない。まさに職人技の領域だ。一方で、ホウ素試薬は水や空気に対して安定であるため、非常に実験が簡単だ。操作自体は中学生が初めて実験しても、成功するだろう。

実験失敗しにくいのはうれしいですね。

勇樹　それもあるが、この実験が圧倒的に簡単である点は工業的にも大いに有用で、特別な設備がいらず簡単に大きなスケールで反応が可能であることを意味する。実際に多くの医薬や有機材料の合成に、鈴木・宮浦カップリングがトン以上のスケールで応用されている。鈴木・宮浦カップリングは我々の現代社会に欠かすことはできない。

工業的合成に使用される設備例
GL3000L 反応缶　上：前面　右：側面
© 三若純薬研究所

実験が簡単だと、工場で作るときも簡単なんですね！

❷ 圧倒的汎用性

勇樹　鈴木・宮浦カップリングの汎用性は圧倒的に高く、ありとあらゆる種類のベンゼン環とベンゼン環をつなぐことができる。せっかくなので例を見てみよう。次ページの赤で示したベンゼン環は、すべて鈴木・宮浦カップリングでつないでいる。まずは、高血圧治療薬のロサルタン（**A**）[10]や、乳がん治療薬のアベマシクリブ（**B**）[11]をはじめとした医薬品があげられる。医薬品の他には、天然に存在する有機分子も、鈴木・宮浦カップリングで人工的に合成することができる。例えば、ジンチョウゲ科の植物にごく微量含まれる天然フラボノイド化合物(**C**)[12]は、鈴木・宮浦カップリングで合成可能だ。さらに、有機ELの材料である(**D**)[13]は、鈴木・宮浦カップリングを三回も使っている。(**E**)[14]に示した分子は、液晶テレビなどに応用される"液晶"という特殊な分子だが、これも合成されている。これらの例はごくごく一部であるが、鈴木・宮浦カップリングの圧倒的な汎用性が垣間見える。

(A)

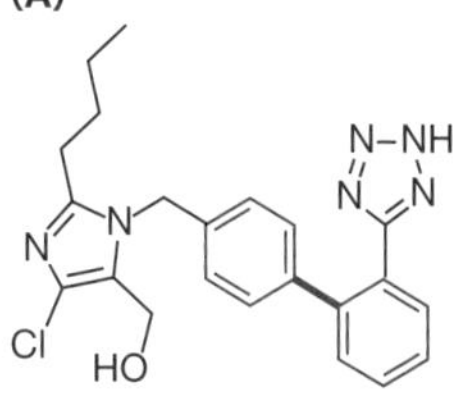

ロサルタン
高血圧治療薬

(B)

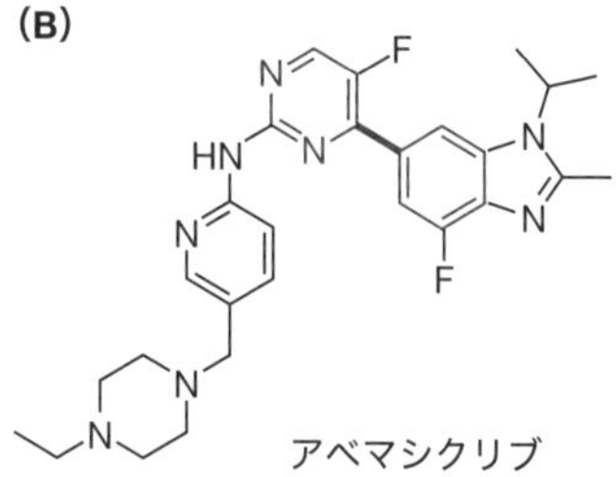

アベマシクリブ
乳がんの治療薬

(C)

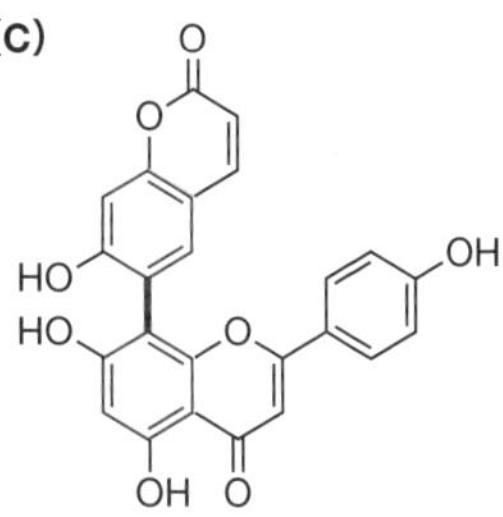

天然フラボノイド

(D)

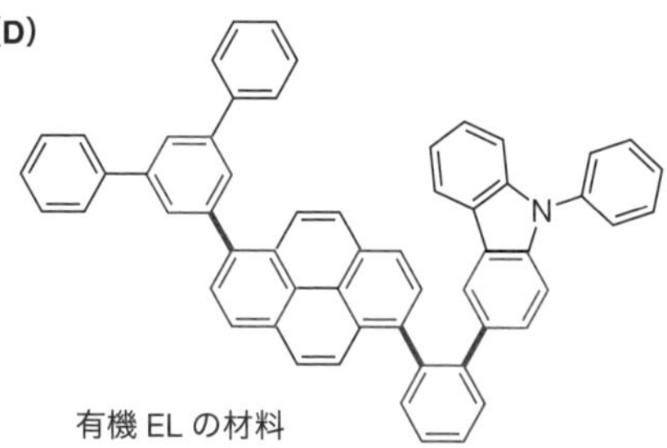

有機ELの材料

(E)

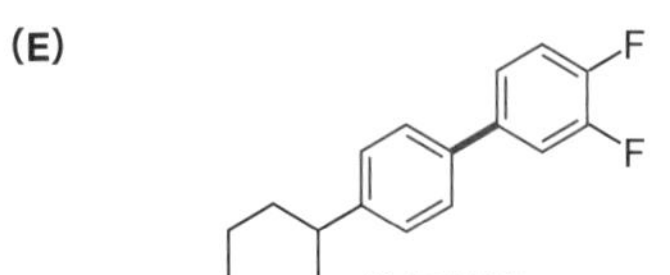

液晶材料

めちゃくちゃ広い用途で応用されているんですね……!!

勇樹　まだまだこんなもんじゃあないぞ〜!

❸ 生物学への応用

勇樹　ホウ素試薬はあまりにもケチなので、水と反応しない。この性質を活かし、鈴木・宮浦カップリングは水中で行うことができる！　これは他のカップリング反応ではなかなか困難なことで、グリニャール試薬を用いる熊田・玉尾・コリューカップリングや亜鉛試薬を用いる根岸カップリングを水中で行おうとすると、グリニャール試薬や亜鉛試薬がすぐさま水と反応して失活してしまい、目的の反応は起きない。

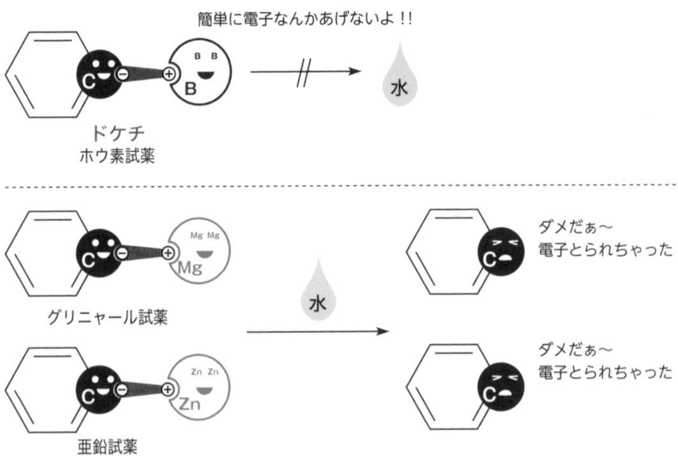

そんなに水の中で反応できることがいいことなんですか？

勇樹

水の中で反応できることは、有機化学の枠を超え、生物学へ応用できることを意味する。そもそも生物は水の塊といえる。僕らの体も60％は水でできている。つまり鈴木・宮浦カップリングは、生物の中、例えば細胞中で行うことができるんだ。具体的な応用例の一つが下の図になる。鈴木・宮浦カップリングで蛍光分子を細胞にくっつけることで、細胞を光らせることができたりするんだ[15]。

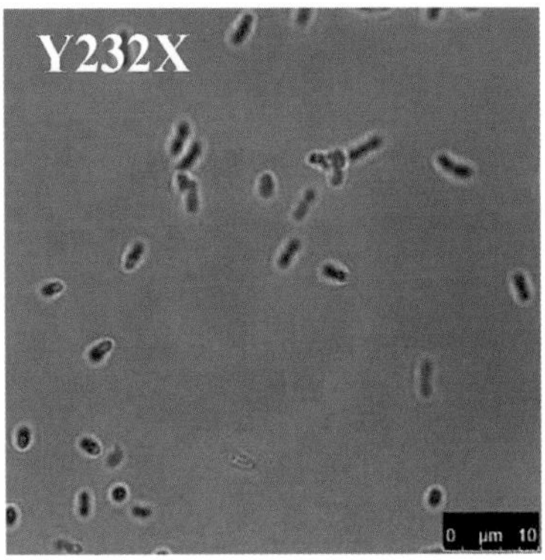

文献15より転載

わぁ！　なんか光ってる!!　鈴木・宮浦カップリングでこんなことができるようになるんですね！

勇樹

このように生物学と有機化学を組み合わせて、生命の謎を明らかにする分野をケミカルバイオロジーと呼ぶ。薬がなぜ効果を発揮するのか？など僕らの生活にも関係する重要な分野だ。鈴木・宮浦カップリングはケミカルバイオロジーの強力な手法として大活躍しているんだ。

単にベンゼン環とベンゼン環をくっつけるというのを超えて、生命の神秘に迫る技術になっているんですね。

❹ 多種多様な試薬の市販：研究を時短

勇樹　研究するためには試薬が必要だが、多くの人が使う試薬を売ってくれる試薬会社が存在する。東京化成工業（TCI）、富士フイルム和光純薬、Merckなどなどたくさんの会社が試薬を売ってくれるわけだ。
何度も繰り返しになるが、ホウ素試薬は水や空気と反応しない。これが試薬会社にとって何を意味するのかというと、“販売しやすい”ことを意味するんだ。

あれ？　反応しないと販売しやすいんですか??

勇樹　ちょっと比較してみよう。グリニャール試薬や亜鉛試薬は反応性が高いので、試薬会社は空気と水を完全に遮断し、試薬を保管しなければならない。しかも反応性が高いので、溶液で薄めて販売せざるを得ない。かさばるものを、きちんとした状態で管理するのはなかなか大変だしコストがかかる。そういった理由で、市販されているグリニャール試薬や亜鉛試薬の種類はかなり限られているんだ。

在庫抱えるのも大変なんですね〜。

勇樹　一方のホウ素試薬は空気や水と反応せず保管も簡単！　グリニャール試薬や亜鉛試薬のように薄めておく必要もないのでコンパクト。管理コストが低いこともあって、試薬会社はたくさんの種類のホウ素試薬を倉庫に保管しておいて売ることができる。

なるほど〜、反応性の低さが販売しやすさにつながるんですね。

勇樹

これは研究者にとって本当にありがたいことで、研究者は多様な種類のホウ素試薬を購入することができるんだ。グリニャール試薬であったならば、試薬会社での取り扱いがないため研究者自ら作らねばならない場面が多い。一方、ホウ素試薬なら、わざわざ自分で作らなくても、試薬会社が売ってくれる場面は非常に多い。一つくらいなら大したことないかもしれないが、何十・何百種類と検討しようとすると、ホウ素試薬の利用は圧倒的に時短になるんだ。

それはありがたいですね！

勇樹

と、まぁこんな感じで、鈴木・宮浦カップリングは圧倒的な汎用性を有し、実験がすこぶる簡単、他分野にも影響を与え、さらに時短につながる史上最強のカップリング反応なんだ！

第7週 研究はどのように評価される？

1 虎は生まれた時から虎か？

勇樹　**先週も話したように、鈴木・宮浦カップリングはベンゼン環とベンゼン環をくっつける旅の一つの到達点といえるだろう。他のカップリング反応が抱えていた欠点をほぼほぼ克服してしまった。**

どんなビアリール化合物も簡単に合成できて、しかも、いろんな種類のホウ素試薬を買えるから時短にもつながりますもんね。

勇樹　**鈴木・宮浦カップリングは実際に、医薬やスマホに使われるハイテク材料に応用され、僕らの生活を支えている。前にも言ったように人類の叡智といっても過言ではないだろう。しかし、ここで教訓めいた話があるんだ。**

教訓ですか？？　何かおかしなことでもあったんですか？

勇樹　**鈴木・宮浦カップリングは1979年に開発されたが、意外なことに発表当初あまり高く評価されなかった**

んだ。鈴木先生と宮浦先生が最初の鈴木・宮浦カップリングに関する研究成果を、一流論文誌に投稿したところ、「リジェクト（お断り）」がつきつけられ、論文を突き返されたそうだ[16]。つまり、当時の他の研究者からの評価は、かなり冷たいものだったんだ。

え!? なんでですか?? めちゃくちゃすごい成果なんじゃないですか???

勇樹

一言でいうと、「時代が追いついていなかった」ということになる。
先週、鈴木・宮浦カップリングの利点を4つあげたけど、その優れた点は後から徐々に証明されてきたことだからね。発見当時は、それぞれこんな状況だったんだ。

❶工業的応用：発表当初は、当然工業化されていないので未知数。

❷圧倒的汎用性：想像を絶する汎用性は後から判明した。

❸生物学への応用：そもそも当時ケミカルバイオロジーという分野がない。

❹多種多様な試薬の市販：当時はホウ素試薬への注目が少なく、ほとんど市販されていない。

このように、他のカップリング反応と比較したときの優位性が今一つ見出されていないという状況で、ぱっと見で鈴木・宮浦カップリングを高く評価することは難しい時代だったんだ。当時の他の研究者から見ると、グリニャール試薬や亜鉛試薬の代わりにホウ素試薬を使ってみただけ、に見えたのかもしれない。

そんなぁ……。

勇樹

しかし、本当にいいものはいつまでも放っておかれるものではない。ドイツの超一流研究機関であるマックス・プランク研究所は、鈴木・宮浦カップリングの価値にいち早く注目し、その利用を進めたんだ。その結果、鈴木・宮浦カップリングの有用性が認知され始めると、欧米中心に評価されるようになってきたんだ[17]。

いいものが最初からいいと思われるとは限らないんですね。

勇樹　残念ながらそうだったんだね。このことは教訓にすべきで、僕らもある物事を評価するときは現在の価値観だけで行うのでなく、未来を見据えて判断しなきゃならないんだろうね。そして、この未来志向の精神が鈴木先生と宮浦先生の一番のすごさかもしれない。

どういうことですか??

勇樹　今でこそ有機化学でよく利用される“ホウ素試薬”だけど、当時は「ケチすぎて何とも反応しない使えないヤツ」とほとんど見向きもされていなかったんだ。そんな時代に、誰よりもホウ素試薬を研究していたのが鈴木先生と宮浦先生なんだ。

使えない子と思われていたんですか!? どうして、そんなホウ素試薬を使おうと思ったんでしょうね？

勇樹　いろんなご縁があったのも理由の一つだろうが、あそこまでホウ素の研究に打ち込んだのは、当時の価値観にとらわれず未来的な価値を信じていたからだと思うんだ。反応しないことが価値になる、誰も研究していない分野だからこそ大きな発見がある、という大胆な予想。
そして、鈴木先生と宮浦先生が育てたホウ素試薬の化学は、熊田先生・玉尾先生・コリュー先生が生み出した金属触媒によるカップリング反応という時代の流れと衝突して、鈴木・宮浦カップリングという最強のカップリング反応を産みだしたんだ。

ホウ素の可能性を誰よりも信じた鈴木先生と宮浦先生が、鈴木・宮浦カップリングを見つけたのは、偶然なんかじゃなくて必然なんですね。

2 ノーベル賞は誰の手に？

そういえば最初に「ベンゼン環とベンゼン環をうまくつなぐ方法を見つけた人はノーベル賞」って言ってましたけど、ウルマン先生・熊田先生・玉尾先生・コリュー先生・根岸先生・鈴木先生・宮浦先生、みんなノーベル賞なんですか??

勇樹　**結論からいうと、その中でノーベル賞を受賞されたのは根岸先生と鈴木先生だけだ。**

あれ??　そうなんですか??

勇樹　**その理由を知るためには、まずノーベル賞のルールを知らなければならない。**

> **ノーベル賞の受賞資格**
> **・生存していること（故人は授賞対象にならない）**
> **・同一の業績に対し最大3人まで**

そんなルールがあるんですか！　どんなすごい成果でも、亡くなってしまったり、4人以上になってしまうとノーベル賞をもらえない人が出てくるんですね……！

勇樹　クロスカップリング反応の発明は2010年にノーベル賞の授賞対象になったわけだが、例えば熊田先生は2007年に亡くなられているので、授賞の対象にはならなかった。

思ったより最近にノーベル賞になったんですね。熊田・玉尾・コリューカップリングが1972年だったことを考えると、だいたい40年くらい経ってます。

勇樹　カップリング反応はたくさんの研究者たちが関係し、非常に長い時間をかけて進歩してきた分野なんだ。鈴木・宮浦カップリング一つとっても、その評価に時間がかかったくらいで、分野としても徐々に有用性が認識されていったからね。ノーベル賞を与える側のノーベル委員会も、カップリング反応はノーベル賞間違いなしの偉大な功績と理解しつつ、いつノーベル賞を与えればいいのかわからなかったのだろう。

ノーベル賞のあげ時がわからないなんてことがあるんですね……。

勇樹　この点は、iPS細胞でノーベル賞を受賞された山中伸弥先生とは対照的かもしれない。iPS細胞は発表当時から革命といわれていて、割とすぐノーベル賞を受賞されたね。

山中伸弥：iPS 細胞の発見は 2006 年に初めて報告された。そのわずか 6 年後の 2012 年にノーベル生理学・医学賞を受賞した。
©The Nobel Foundation. Photo: U. Montan

勇樹　加えてノーベル委員会を迷わせたであろうことは、カップリング反応の開発にかかわってきた研究者の人数の多さだ。今まで紹介してきた先生以外にも、辻先生・トロスト先生・コーチ先生・ヘック先生・溝呂木先生・村橋先生・薗頭先生・右田先生・小杉先生・スティレ先生・檜山先生などなど、たくさんの研究者が欠かすことのできない貢献をしてきたんだ[18]。その中から 3 人選ばないといけないんだから……大変だよね。

え ?? そんなたくさんの中からどうやって 3 人を選んだんですか ??

勇樹　結果を述べると「有機合成におけるパラジウム触媒クロスカップリング」という授賞理由で根岸先生・鈴木先生・ヘック先生が受賞された。
根岸先生・鈴木先生はすでに紹介したように、ノーベル賞もうなずける研究貢献をされているし、ヘック先生も同様に、ヘック反応という卓越した業績をあげている[19]。

カップリング反応の開発に偉大な貢献をしてきた化学者たち（一部）

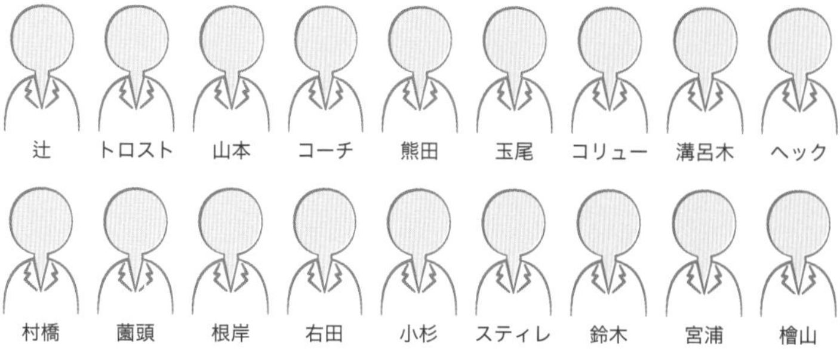

どうやって、この中から３人に
絞ればいいんだろう……

ノーベル委員会

根岸英一

鈴木　章

Richard F. Heck

©The Nobel Foundation. Photo: U. Montan

ん……つまり、他の先生よりもその３人は貢献が大きかったということですか??

勇樹　いや、それは議論の余地があるし、そもそも簡単に比較できるものでもない。実際に、熊田・玉尾・コリューカッププリングの発見者である玉尾先生がノーベル賞を受賞されなかったことに驚いた研究者は多い。
ただノーベル委員会は一つの決断として、根岸先生・鈴木先生・ヘック先生を選んだんだ。

なるほど……とはいえ、ノーベル賞もらえたりもらえなかったり、状況が違ってしまったのは残念ですね。みんなもらえれば幸せなのに。

勇樹　きっと、いろいろ複雑な思いをされた先生もいるだろうからね。まぁ、僕ら一般人がそんなことを悩んでも仕方ない。
僕らにできることは、ノーベル賞をとった先生だけを持ち上げるテレビ的な考え方をせず、様々な理由でノーベル賞の受賞を逃したけれど、卓越した研究成果をあげて、大きな社会貢献をされた先生がたくさんいるということを、ちゃんと知っておくことなんだと思うよ。

第8週

究極の反応を目指して

勇樹　さて、これまでの話を復習しよう。1970年に山本先生が見出した知見をヒントに、二つのベンゼン環をつないでビアリールを合成する画期的な熊田・玉尾・コリューカップリングが生み出された。さらに根岸先生をはじめとした様々な研究者が、より使いやすい反応に改良し、その中でも鈴木先生・宮浦先生は1979年、ホウ素試薬を用いることで最強の鈴木・宮浦カップリング反応を実現した。

1970年

山本明夫

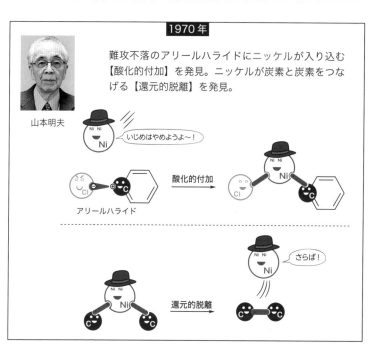

難攻不落のアリールハライドにニッケルが入り込む【酸化的付加】を発見。ニッケルが炭素と炭素をつなげる【還元的脱離】を発見。

1972年

熊田　誠

玉尾皓平

ロバート・コリュー

山本先生の知見を活かし、ニッケルを使ってベンゼン環とベンゼン環をつなぐ手法を開発。
→ 熊田・玉尾・コリューカップリング

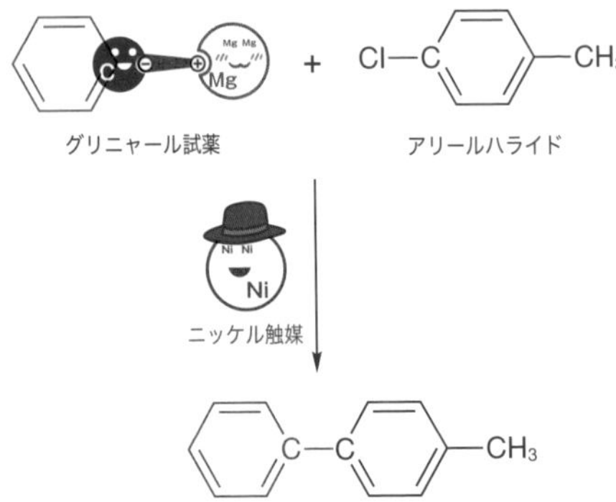

ベンゼン環とベンゼン環をくっつけられた！

1976年

根岸英一

周期表を旅し、熊田・玉尾・コリューカップリングから
・優柔不断なグリニャール試薬 → ケチな亜鉛試薬
・ニッケル触媒 → より仕事ができるパラジウム触媒
に変更することで、合成できるビアリール化合物が大きく広がることを見出した。

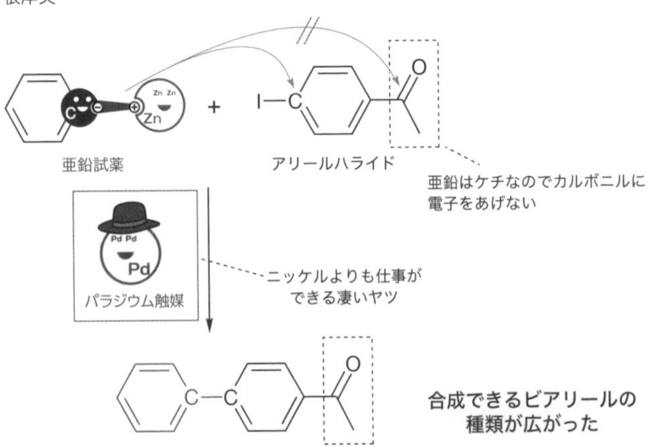

1979年

鈴木 章

宮浦憲夫

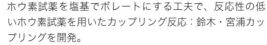

ホウ素試薬を塩基でボレートにする工夫で、反応性の低いホウ素試薬を用いたカップリング反応：鈴木・宮浦カップリングを開発。
圧倒的な汎用性・実験の容易さから爆発的に利用されるのみならず、生物学など有機化学以外の分野へも応用され、世界に大きな影響を与えるに至った。

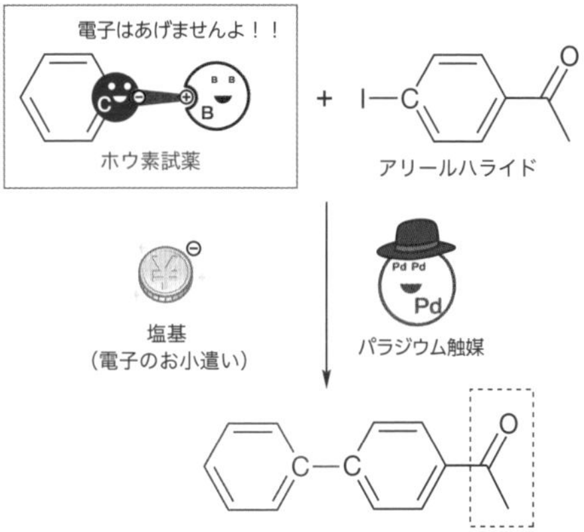

- あらゆるビアリール化合物を合成することができる。
- 水中でも反応できるため、生物学にも波及する。

勇樹　**この10年にわたる進歩は実に驚異的で、有機化学のゴールデンエイジと言っていいだろう。**

確か、この時代の前のウルマンカップリングが1901年で、そこから70年進歩がなかったことを考えると、急激に進歩したことがわかりますね。

勇樹

しかし、いかにこの時代に開発されたカップリング反応の完成度が高く優れていようと、後に続く研究者はそれに満足し、歩みを止めてしまってはならない。研究者は過去の研究者を尊敬したうえで、こう叫ぶ必要がある。

あんた達はまだ完璧じゃない！！
俺ならもっとよくできる！！

えぇ～！　まだ戦うんですか！！??
これ以上何かできることがあるんですか??　特に、あの最強の鈴木・宮浦カップリングに勝てるんですか??

勇樹

まさしくそれは、鈴木・宮浦カップリング登場後の研究者たちと同じ悩みだろう。
事実、あらゆるベンゼン環とベンゼン環をつなぐ鈴木・宮浦カップリングの汎用性は圧倒的で、これより汎用性の高いカップリング反応は、今なお開発されていない。

それじゃあ、もうベンゼン環とベンゼン環をくっつける話は進歩しないんでしょうか……??

勇樹

汎用性の観点では、鈴木・宮浦カップリングを超えることはなかなか難しい。しかし研究者は考えるわけだ。

鈴木・宮浦カップリングは、
いかなるときも究極か??

ん？　そうじゃないんですか??

勇樹　**鈴木・宮浦カップリングでベンゼン環とベンゼン環をつなぐことを考えよう。ホウ素試薬を炭素マイナスとして、アリールハライドを炭素プラスとして、パラジウム(Pd)触媒の助けを借りて反応させるというものだったね。**

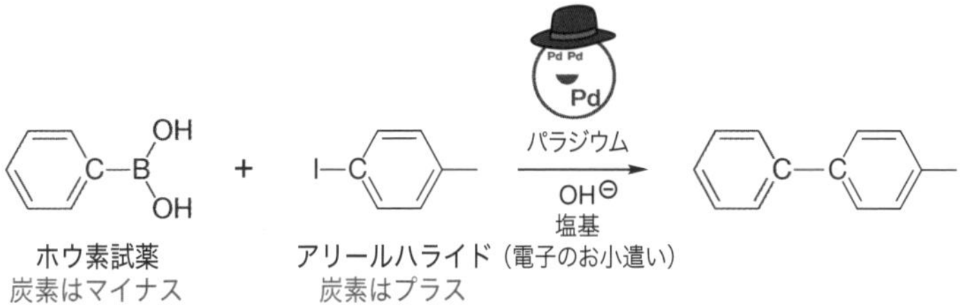

勇樹　**ではここで質問、そもそもホウ素試薬やアリールハライドはどこから手に入れるのだろう？**

試薬を売ってくれる会社があって、そこから買うんじゃなかったでしたっけ？

勇樹　**ならば試薬会社はどこから仕入れているのだろう？**

あれ??　そういえば確かに……どこから持ってくるんだろ？

勇樹　アリールハライドやホウ素試薬は、基本的に天然から取れることはない。なので試薬会社が“作ってくれている”ものなんだ。
天然から取るれる有機分子は多くの場合、水素(H)で覆われている。試薬会社はこれらの有機分子を原料として用い、水素(H)を、ホウ素(B)に取り換えてホウ素化合物を作り、ヨウ素(I)や塩素(Cl)に取り換えてアリールハライドを作っている。

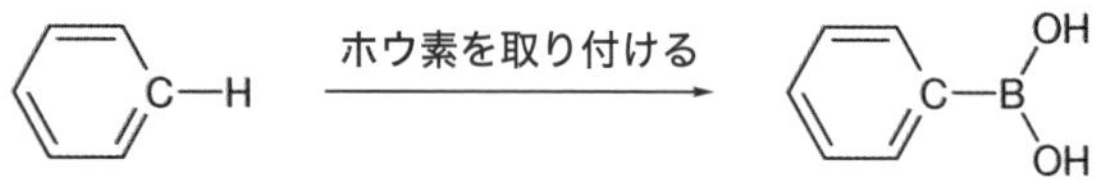

原料　ホウ素試薬

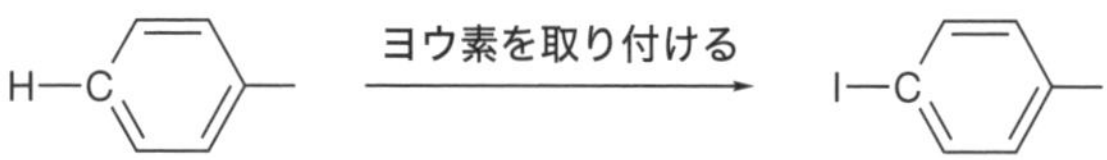

原料　アリールハライド

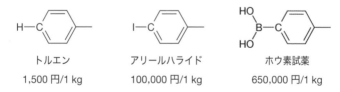

勇樹　この手間はコストに直結する。例えば、トルエンという分子について考えた場合、ヨウ素を取り付けると1kg当たりの価格は60倍以上、ホウ素を取り付けると400倍以上の値段になる。

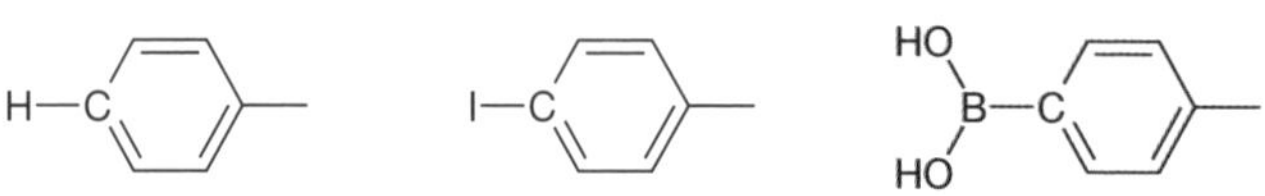

トルエン	アリールハライド	ホウ素試薬
1,500 円/1 kg	100,000 円/1 kg	650,000 円/1 kg

めちゃくちゃ高くなってるじゃないですか!!

勇樹　材料費に加え、研究者の代わりに作ってくれている手間賃込みだからね。このくらい値段が上がってしまうんだ。
ここまでの話をまとめよう。試薬会社がやってくれている部分も含めると、鈴木・宮浦カップリングでベンゼン環とベンゼン環をつなぐためには、必ず次の3工程が必要になる。

❶ホウ素試薬を作る。
❷アリールハライドを作る。
❸カップリング反応でベンゼン環とベンゼン環をつなぐ。

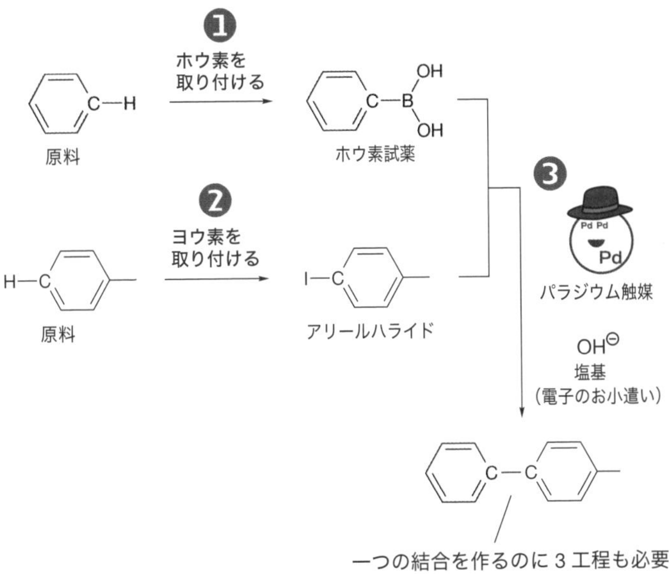

一つの結合を作るために、3回も反応させないといけないんですね。

勇樹　**有機反応は1工程ごとに、数時間～数日の単位の時間がかかり、また大量の廃棄物が副生してしまう。これはさっきも言ったように、コストが高くなってしまうことを意味する。安く分子を作りたいなら、カップリング反応が一つの結合を作るために3工程も要することは望ましくない。逆にいうと、工程数を少なくすることができれば、薬、プラスチック、有機ELなどの役立つ有機分子が今よりもっと安くなるはずだ。**

なるほど～……でも、理屈はわかるんですけど、仕方なくないですか?? 当たり前というか、鈴木・宮浦カップリングはアリールハライドとホウ素試薬を反応させる方法なんですから。

勇樹　**そう。だから、これまでのアプローチと全く異なる進化が必要なんだ。**

全く異なる進化!?

勇樹　**アリールハライドやホウ素試薬を作る工程をさぼるんだ。**

……へ?? さぼる??

勇樹　わざわざ、ハロゲン（ヨウ素や塩素）やホウ素なんかをベンゼン環に取り付けるから手間が増えるんだ。この手間をさぼるんだ。そうすれば3工程かかっていたところが2工程に減って、より簡単にベンゼン環とベンゼン環をつなぐことができるだろう。アプローチとしては2種類考えられる。

①アリールハライドを作るのをさぼる。

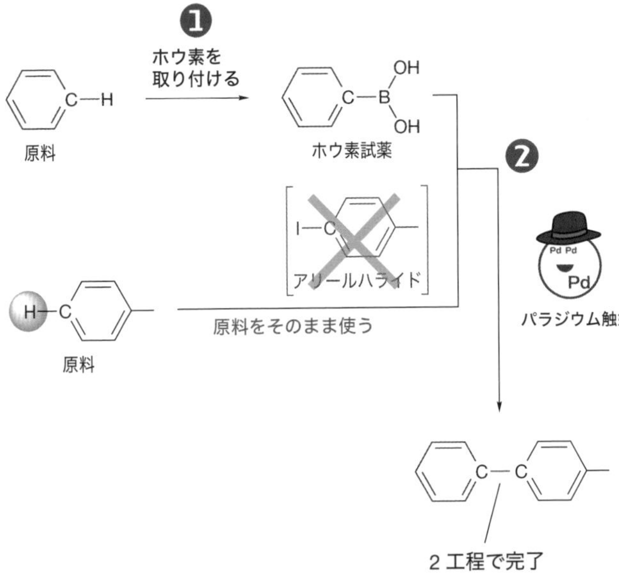

② ホウ素試薬を作るのをさぼる。

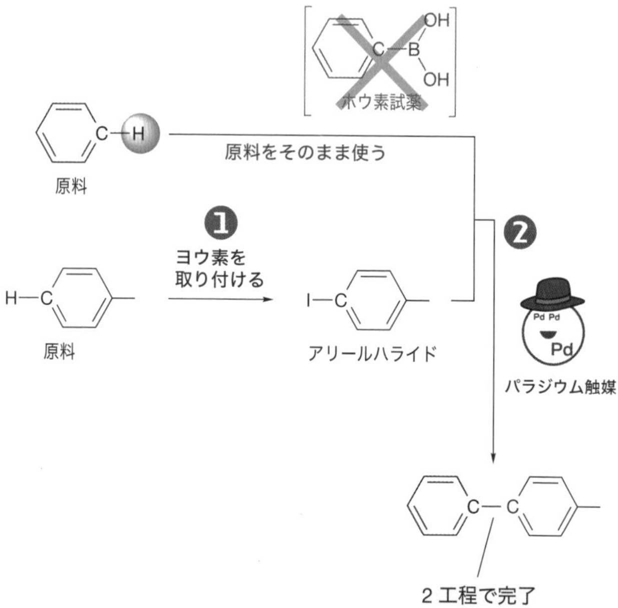

いずれにせよ、水素（H）のところで反応させるってことですか??

勇樹　その通り！　ベンゼン環の炭素−水素結合（C−H結合）にホウ素やヨウ素を取り付ける暇があれば、その間に直接ベンゼン環を取り付ければいい、ってアイデア。もしこういった手法で、ベンゼン環とベンゼン環をつなぎビアリール化合物を合成することができれば、わざわざアリールハライドまたはホウ素試薬を作る手間が省けるので、ビアリール合成の工程数が減り、医薬やプラスチックが劇的に安価に合成できる画期的な手法になるはずだ。

ん〜水素(H)のところでいきなり反応すればいい、ってのはわかるんですけど、そんなことできるんですか?? そんなのができるなら、今までの熊田・玉尾・コリューカップリングや鈴木・宮浦カップリングは何だったんだ?って感じなんですけど。

勇樹　**おっしゃる通り、実は水素(H)の位置で反応させるのはめちゃくちゃ難しい。というのも次のような目に見えた課題が想定される。**

❶ 炭素と水素の結合(C−H結合)が切れない。

勇樹　**最初の頃の旅支度(p.23)で、炭素(C)はくっついたほかの元素によって、炭素プラスになったり、炭素マイナスになることを話したと思う。**

ヨウ素(I)や塩素(Cl)といったハロゲンなら炭素プラス、マグネシウム(Mg)は電子をあげる性質があるから炭素マイナスになるんでしたよね。

勇樹　**では炭素に水素(H)を結合させると、どのような反応性になるだろうか? 残念ながら、ほとんどプラスにもマイナスにもならない。炭素と水素は仲良く電子を分け合うから、プラスとしての反応性もマイナスとしての反応性もほとんどないんだ。しかも炭素と水素は固い友情で結ばれているため、C−H結合はめちゃくちゃ堅い。ちょっとやそっとでは切れない。アリールハライドのことを“反応する隙が無く反応性が乏しい”と言っていたけれども、C−H結合はそれよりもはるかに反応する隙が無い。**

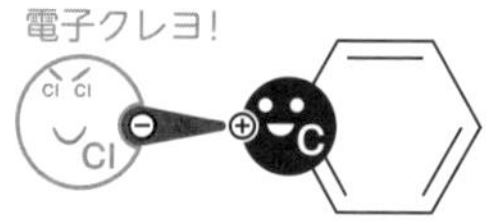
電子クレヨ!
Cl
C

アリールハライド
電子をとられて炭素はプラス

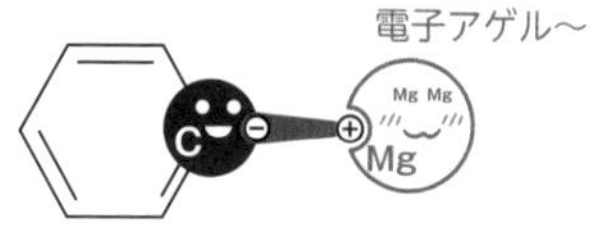
電子アゲル〜
C
Mg

グリニャール試薬
電子をもらって炭素はマイナス

僕らの固い友情は
ちょっとやそっとじゃ切れないよ！
C
H

C——H

仲良く電子を分け合う
ほとんどプラスでもマイナスでもない

アリールハライドですら山本先生がニッケルで反応する隙をつくる方法見つけるまで時間がかかりましたけど、それ以上に反応する隙が無いんですか……。

勇樹　**この問題を【低反応性の問題】と呼ぼう。ウルマンカップリングから熊田・玉尾・コリューカップリングへ進化する過程で、ニッケル触媒を用いてアリールハライドに反応する隙を作る【酸化的付加】というアプローチがとられた。しかし、炭素−水素結合に隙を作ることは、これよりさらに高い難易度になる。**

❷ どこのC−H結合に反応するかわからない。

勇樹　**有機分子にとって炭素は骨、水素は皮みたいなもの。有機分子の周りは基本的に水素で包まれている。つまり有機分子はたくさんの炭素−水素結合（C−H結合）を持っていることになる。ここで、仮に目的通**

り、炭素−水素結合（C−H結合）をそのままベンゼン環とくっつける手法ができたとしよう。それを以下のように、ベンゼン環に酸素（O）と炭素を持たせたクレゾールに対し適用してみると、どうなるだろうか？

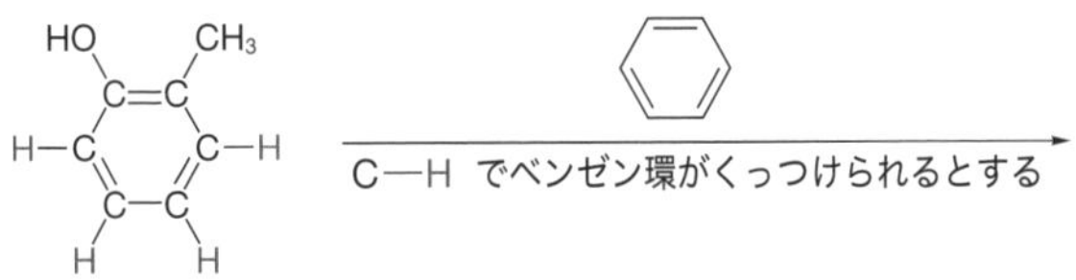

クレゾール

炭素−水素結合（C−H結合）がベンゼン環に置き換わるから……あれ？　どこにくっつければいいんですか??

勇樹　そう。クレゾールはベンゼン環に4種類の水素（H）を持っているが、どこの水素（H）で反応するかはわからないんだ。結局、次の図のようにランダムに反応して4種類の混ざりものが得られてしまう。

混ざっちゃうと、よくないんですか??

勇樹　これは大問題。例えば、次ページの**A**が薬になったとしても、**B,C,D**が毒になったりするかもしれないんだ。ちゃんと狙い通りに分子を組み立てることができなければ、実用的な手法にはなりえない。

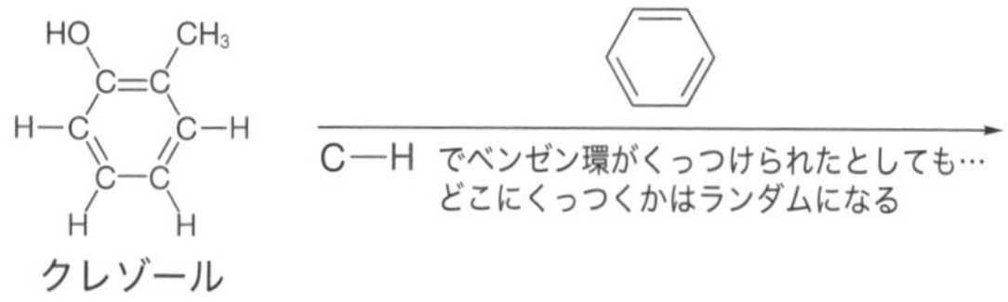

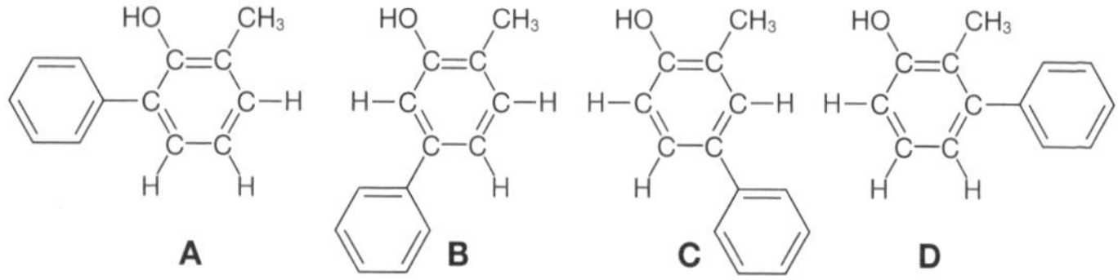

狙った化合物だけを作ることができない

そっかー、どこでくっつくか変わるだけで全然違うものになってしまうんですね。

勇樹　この問題を【選択性の問題】と呼ぼう。

勇樹　【低反応性の問題】と【選択性の問題】、この二つの問題は深刻だ。

そもそも反応しない上に、反応したとしてもどこで反応するかわからない……詰んでませんか??

勇樹　でも研究者はやらねばならない……！
過去の偉大な研究者を超えるために！！

第9週 火星には旗が立っていた
―ヴァンヘルデン・バーバーグカップリング―

勇樹　先週は、研究者たちがC−H結合を切断して、ベンゼン環をくっつける反応を目指し始めた話まででしたね。

その難しさも嫌というほど説明されました。

勇樹　ウルマンカップリングから鈴木・宮浦カップリングにかけての物語が、月へ行く話だとすると、今度の物語は火星を目指すようなものだ。

まさに全く別の未踏の地を目指すってところですね。

勇樹　そう、未踏の地……のはずだった。
だが、その未踏の地にはすでに旗が立っていたんだ！

え？　どういうことですか？

勇樹　この当時、1990年代の研究者は驚いただろう。自分たちが次に目指すものが、なんと熊田・玉尾・コリューカップリングが発表された1972年より以前の1965年にすでに発表されていたんだ。オランダのヴァンヘルデン先生とバーバーグ先生は、ベンゼンにたくさんのパラジウムを作用させると、二つのベンゼン同士がくっつくことを発見していた[20]。

ヴァンヘルデン・バーバーグカップリング

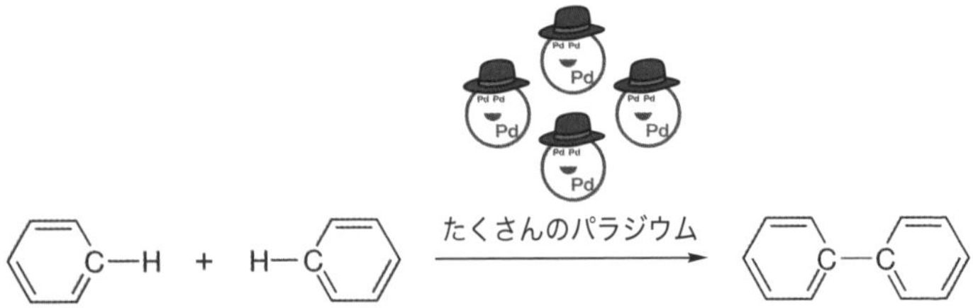

えぇっーー!!　水素(H)のところでベンゼン環がくっついているじゃないですか!!　これが熊田・玉尾・コリューより前にですか!??　なんで今まで話に出てこなかったんですか??

勇樹　これは本当に意外なことだけど、時代的に評価されなかったんだね。1965年くらいの時代では、同じベンゼン環同士をくっつけるホモカップリングはさほど評価されなかったんだ。というのも、同じベンゼン環がくっついた分子を作りたいだけならウルマンカップリングで十分と考えられていたからね。

そっか〜熊田・玉尾・コリューカップリングみたいに別々のベンゼン環はくっつけられないんですね。

勇樹　しかも、この反応はやはりいくらか無理があるようで、パラジウムは一組しかベンゼン環をくっつけないんだ。

何度も働く“触媒”にならないんですね。そう聞くとずいぶん問題だらけですね……。

勇樹　当時は不都合な面しか見られなかったのだろう。しかし、この反応は1990年代に入って全く異なる意味を持つようになったんだ。というのも、この研究成果は「パラジウムなどの金属が、特定の条件を満たせば、堅いC－H結合の間に入ることができるかもしれない」ということを強く示唆するからだ。

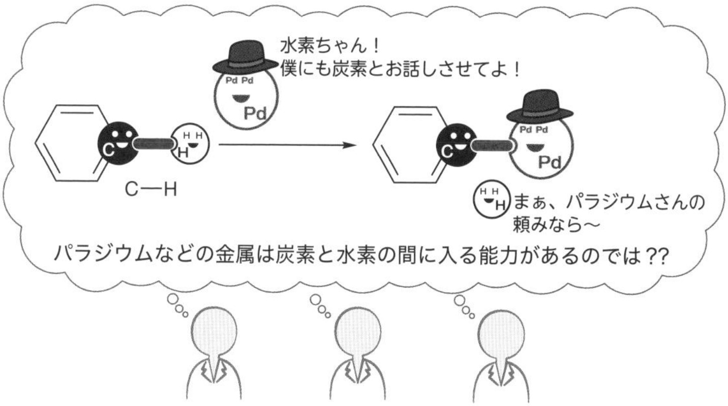

1990年代の研究者

それじゃあ、前に言っていたC－H結合の【低反応性の問題】はあんまり問題ではなかった、ということですか??

勇樹　反応性が低いことは間違いないけど、過去の研究を振り返ってみると、全く手も足も出ないわけではなさそうというイメージだ。当時の研究者はだいぶ励まされただろうね。
しかし、ヴァンヘルデン・バーバーグカップリングはもう一つの問題である【選択性の問題】の解決は全くできなかった。

どこの水素(H)の位置で反応するかランダムになってしまうんですよね。

勇樹

そう。例えば、下のようにo-キシレンという化合物を反応させると、できあがるものは混ざりものになってしまう。これでは全然実用性がないわけだ。

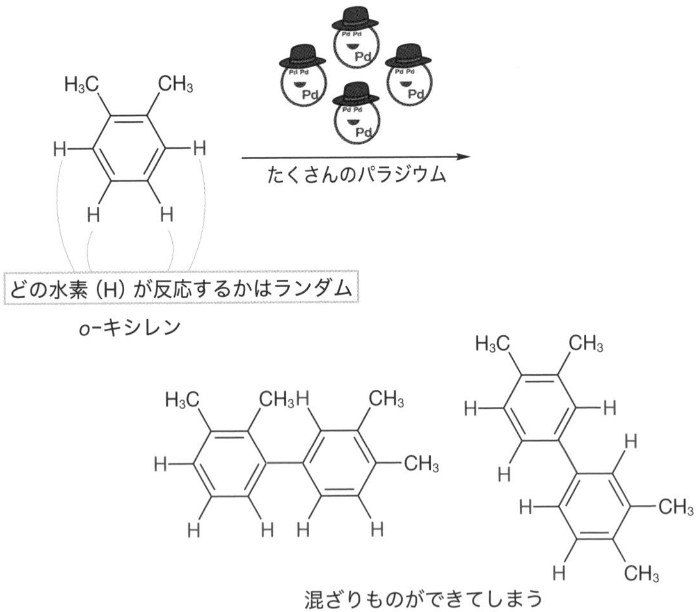

たくさんのパラジウム
Pd
どの水素(H)が反応するかはランダム
o-キシレン
混ざりものができてしまう

あとは【選択性の問題】をなんとかすればいいんですね！

勇樹

でもたくさんある水素(H)をどうやって見分けて、都合よくそこだけ反応させようか？　これはめちゃくちゃ難しい問題だ。それでも研究者はこう考える。

俺こそが【選択性の問題】を解決したるわぁぁああ！

第10週 夢の反応 －村井反応－

勇樹　**C－Hを反応させる上で【選択性の問題】は、本当に解決法が難しく、当時の研究者たちも頭を抱えたことだろう。**

たくさんある水素（H）のなかで、都合よく望みの場所の水素（H）だけを切りたい……。

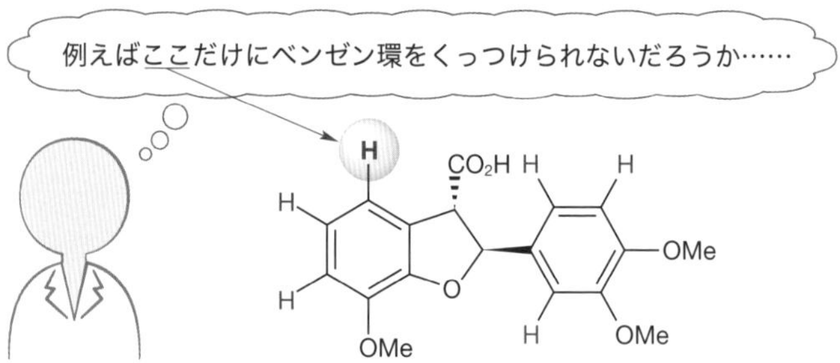

ベンゼン環に6種類の水素（H）がある

同じ水素なのにそこだけって……そんな都合のいいこと起きませんよね……。
【選択性の問題】には、たくさんの研究者が挑んだんですか？

勇樹　**いや、あまりの難しさに、挑戦する研究者はほとんどいなかった。研究の熾烈な競争の中で、何年かかるかもわからない困難な課題にキャリアを費やすことは、研究者にとって非常にリスキーだからね。**

それほどまで難しい問題なんですね……。

勇樹

でも、全員がこの問題に白旗を掲げたわけではない。誰もできるはずがないと思われていた時代に、この難問を解くことに全力を注いだ研究グループが日本にあった。大阪大学の村井眞二先生（現大阪大学名誉教授）の研究グループだ。村井先生は有機化学における三つの難問を解決しようという目標を掲げていて、【選択性の問題】はその中の一つだった。

村井眞二
(1938–)

村井先生はこの問題に挑むことは怖くなかったんですかね……??

勇樹

難問に挑んでも解けずに終わってしまう恐怖より、チャレンジ精神が勝ったんだろうね。そして、このビジョンは村井先生の研究室に所属する一人の学生によって実現されることになる[21]。

一人の学生ですか??

勇樹　当時、村井先生の研究室には、垣内史敏君という学生がいたんだ。垣内君は4年制大学卒業後大学院に進学した、将来を嘱望された修士課程の学生だったんだ。修士課程は通常2年間あり、垣内君は修士課程を終了後、さらに3年間の博士課程へ進学して博士の学位を取得し、研究者のキャリアを積もうと考えていた。

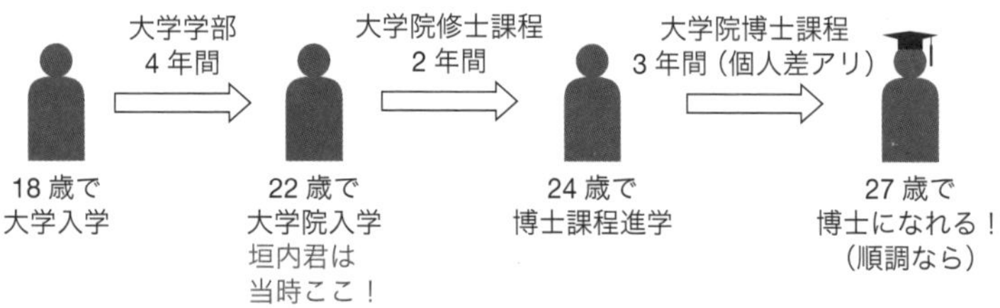

その垣内さんがキーパーソンなわけですね。

勇樹　その通り。垣内君は優れた有機化学者に絶対必要な“尽きることのない好奇心”にあふれていた。垣内君は、当時全く別の研究をしていたにもかかわらず、博士課程では研究テーマを変更し【選択性の問題】にチャレンジしたいと、村井先生に直談判したそうだ。

えぇ〜！　そんな難しい問題に自分からですか？　すごいですね！

勇樹

そんな垣内君を見て、村井先生は考える。

❶ 垣内君には、有機化学における最高の難問【選択性の問題】に取り組んで欲しい。

❷ しかし、その問題に取り組むことは、いくら優秀な垣内君としても何の成果も得られない危険性がある。何も成果が得られず、博士号の取得が遅れて、研究者としての活躍が期待される垣内君の経歴に傷をつけてはならない。確実な研究をした方がいいのではないか？

村井先生の垣内さんへの信頼と師弟の絆が感じられますね。でも悩ましいですね。チャレンジ精神いっぱいの垣内さんだからこそ難問に取り組んで欲しいけど、今後のキャリアを考えると危険な研究をさせるわけにはいかない……ってどちらも一理ある考えですもんね。

勇樹

そんななか、村井先生はその相反する考えを両立する驚くべきアイデアを考えた。

そんな方法があるんですか！！？？　いったいどんなアイデアでしょ？？

勇樹

両方やろう。

……んん？　なんかすごいことをさらっと言っているように思うんですけど……。

勇樹　村井先生は、まず垣内君に、【選択性の問題】に挑むと何の成果も得られない可能性があることを隠すことなく伝えた。しかし、仮にそうなっても博士号が取れるように、垣内君に修士課程の2年間で博士論文が書けるデータを、別の研究テーマで全部集めるように指示したんだ。

えー!?　そんなことできるんですか??　ちなみに博士号はどのくらいの成果を出せば取れるんですか？

勇樹　当時の大阪大学では博士の学位を得るのに、英語論文を3報分の研究成果が必要であったという。個人差はあるだろうが、決して簡単に挙げることはできない量の成果だ。

博士になるのは大変なんですねぇ～。

勇樹　つまり、村井先生が垣内君にした指示は、「大学院で研究する一般的な学生が5年かかる論文3報という研究成果を2年で出して、浮かせた3年間で、難問【選択性の問題】に取り組め」ということだ。

いやいやいや!!　そんなの無理じゃないですか??　倍以上の速度で成果出さないと間に合いませんよ!!??

勇樹　普通は無理だ。でも垣内君の、尽きない好奇心に支えられた驚異的実験量は、その無理を可能にしてしまった。タリウムという全く別の金属を用いた研究で、着実に研究成果を挙げたんだ。誤解のないように言っておくと数稼ぎの成果なんかではなく、非常にハイレベルな研究成果だ。そして、本当に最初の2年間で、博士号に値する論文3報分の成果を出してしまったんだ[22]。

まじですか!? 世の中には、無理そうなことをやってのけちゃう人っているんですね……。

勇樹　そして、好奇心の怪物、垣内君は満を持して、残りの3年間で【選択性の問題】の解決に没頭することになる。

勇樹　垣内君の博士課程初期の実験はことごとく失敗に終わったそうだ。来る日も来る日も失敗。何をしても失敗の日々。普通なら、めげてしまってもおかしくない。しかし、そんな闇を抜ける原動力はやはり垣内君の“尽きない好奇心”だった。垣内君はどんなに失敗を重ねても「なんとしても【選択性の問題】を解決したい！　これがダメなら次の手だ！」と、全くあきらめず、ひたすら実験を続けた。そして、垣内君はついに【選択性の問題】を解決してしまう。ベンゼン環の中の狙った水素(H)だけを切断することに成功したんだ。

えぇ!!? 本当にできちゃったんですか!?

勇樹　そう。信じられないくらいの猛実験の果てにできてしまったんだ。その気の遠くなるような試行錯誤の中で、普段と異なるちょっとした違和感のあるデータを見逃さなかったことが発見のきっかけだったらしく、垣内君以外ならたどり着けなかった険しい道といえるだろう。

あきらめないって大事なんですね……！

勇樹　そして村井先生は、あまりの重要性から、この発見を国際学会できちんとした形で発表するまで徹底的に秘密にすることを研究室のメンバーに指示した。この歴史的偉業を誰かにまねされちゃったら叶わないからね。

それで村井先生と垣内さんはどうやって【選択性の問題】を解決したんですか??

勇樹　村井先生と垣内君のアイデアは、たくさんある水素(H)を見分けるために、水素自身でなく“その隣に金属を釣り上げる釣り竿”を配置するというものだった。この釣り竿を専門用語では【配向基（はいこうき）】と呼ぶ。釣り針の先には、えさとして電子が付いている。

釣り竿ですか……これが何か大事なんですか？

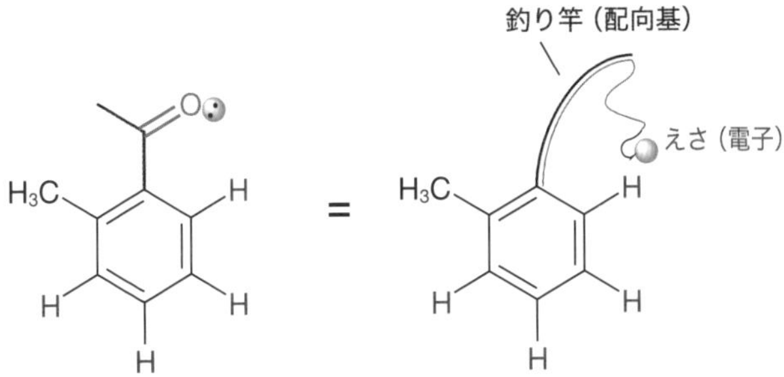

村井先生と垣内君が使った
ベンゼン環

勇樹　釣り竿（配向基）を持つベンゼン環に、金属の一種であるルテニウム（Ru）触媒を作用させてみよう（次ページ図）。するとルテニウムは、えさの電子につられて、まず【配向基】にひっかかる。そしてルテニウムは、わりとどんな炭素と水素の間にでも割り込む強引な性格だが、この場合は釣り糸の長さの関係上、すぐ隣のC－Hにしか割り込めない！

なるほど～！！ 釣り竿でひっかけることで、ルテニウムは遠くに行けないんですね！！

勇樹　そしてベンゼン環ではないんだけど、配向基の隣の水素（H）だけを狙って、アルケンという、炭素と炭素が二重結合でつながった化合物と反応させることに成功したんだ。
ベンゼン環とベンゼン環をつなげる話から少しずれてしまったが、この【選択性の問題】を解決する方法は、本当に誰もが望むような夢の反応だった。

めちゃめちゃ頭いい方法ですよね！

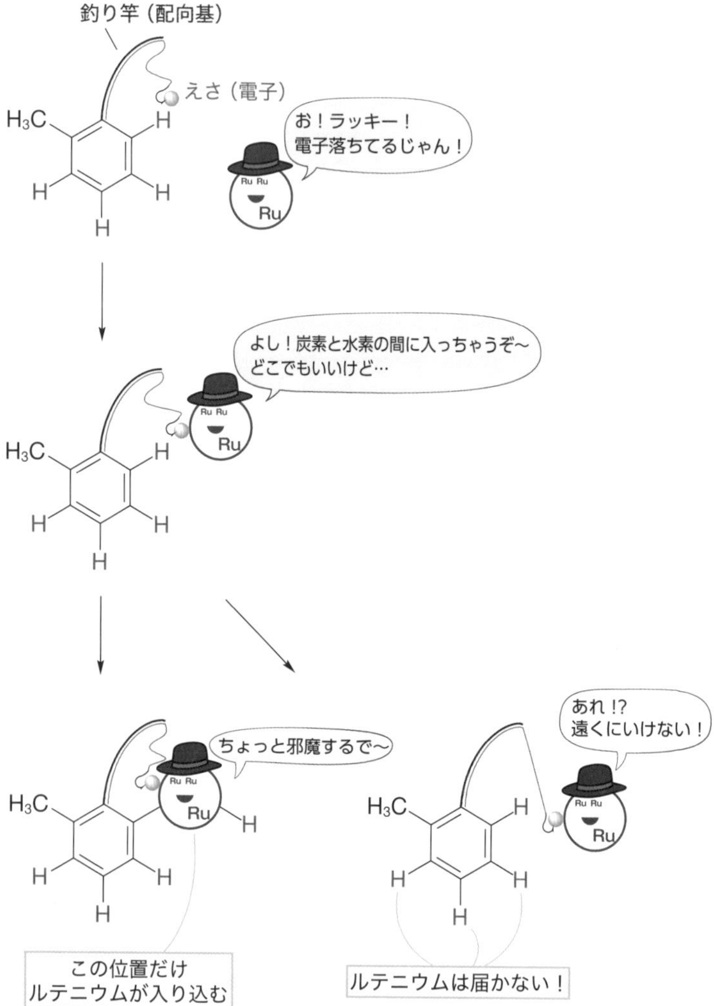
釣り竿（配向基）
えさ（電子）
H_3C
お！ラッキー！
電子落ちてるじゃん！
よし！炭素と水素の間に入っちゃうぞ～
どこでもいいけど…
ちょっと邪魔するで～
あれ !?
遠くにいけない！
この位置だけ
ルテニウムが入り込む
ルテニウムは届かない！

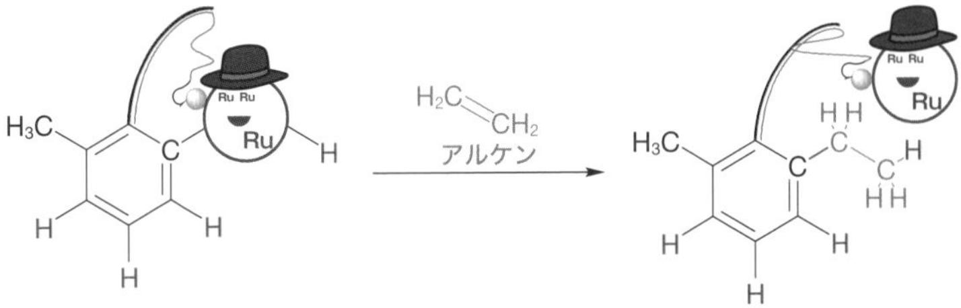

狙ったC—H結合を切りつつ、
炭素と炭素がくっついた!!

勇樹　そして時は1993年。鈴木・宮浦カップリングの発明から14年もの歳月を経て、村井先生と垣内君はこの革命的発見を論文として報告した[23]。この成果を報告した論文は、学術誌の最高権威であるNature誌に掲載され、現在に至るまでに他の研究者によって1000回を超える引用がされている。

たくさん引用されるとすごいんですか??

勇樹　ほかの研究者が村井先生たちの論文を引用することは、この研究成果が多くの研究者に影響を与えた証明だからね。100回引用される論文は相当すごい名論文といえるが、1000回にもなると、“学界を震撼(しんかん)させた”といえるインパクトだろう。

まさに有機化学の金字塔って感じですね♪

勇樹　その歴史的成果が偶然によってもたらされたものでなく、村井先生の卓越したビジョンと信念、そして垣内君の無尽蔵の好奇心によって実現したものであることは実に驚異的だ。

まさに村井先生と垣内さんの勝利ですね！
そういえば、その垣内さんは今どうされているんですか??

勇樹

今は慶応義塾大学の教授として研究されている。当然、非常にレベルの高い研究をされていて、特に【配向基】を使わせれば右に出るものはいないだろう。

垣内史敏

やっぱり、今でも現役バリバリで活躍されているんですね！　てか、そんな偉い人を“垣内君”って呼んでたんですか??

勇樹

この研究に取り組んでいた時の垣内先生が学生であることを強調したかったんだ……まぁ、当時の垣内先生よりは今の僕の方が年上なんで許して欲しい。
話をベンゼン環とベンゼン環をつなげる話に戻そう。村井先生と垣内先生の“釣り竿＝【配向基】作戦”は効果抜群で、様々な研究者がこの作戦を取り入れることになる。そうした研究の流れの中で、【配向基】を用いて、ベンゼン環とベンゼン環をつなげる反応も実現した。

やっぱり、釣り竿作戦めちゃくちゃ流行したんですね！

勇樹

その先駆的な例は1997年、大阪大学の三浦雅博先生の研究グループから報告された[24]。図のようにベンゼン環に【配向基】をとりつけて金属をひっかけ、その隣のC―H結合を切って、別のベンゼン環を見事にくっつけている。

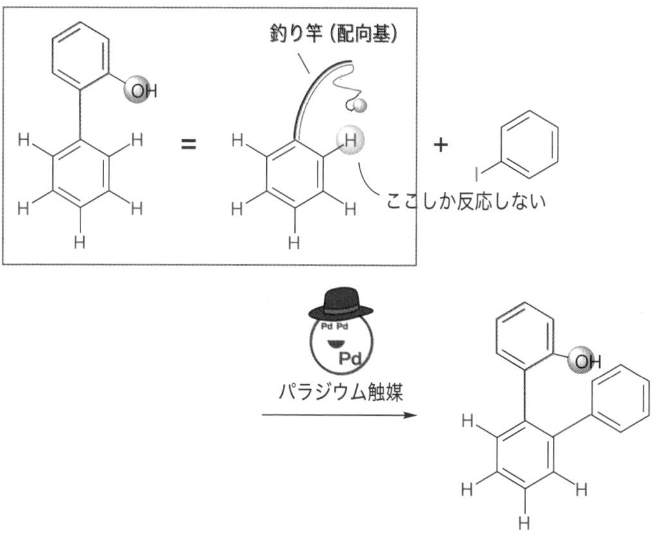

狙ったC―H結合を切りつつ
ベンゼン環とベンゼン環がくっついた!!

ほんとだ！　釣り竿の隣の水素（H）の位置にベンゼンがくっついちゃいましたね！

勇樹　2000年代には様々な研究者が追従し、以下のように様々なビアリール化合物を、【配向基】によって狙った水素(H)の場所で反応させて、合成できるようになった[25]。

釣り竿にもいろんな種類があるんですね。

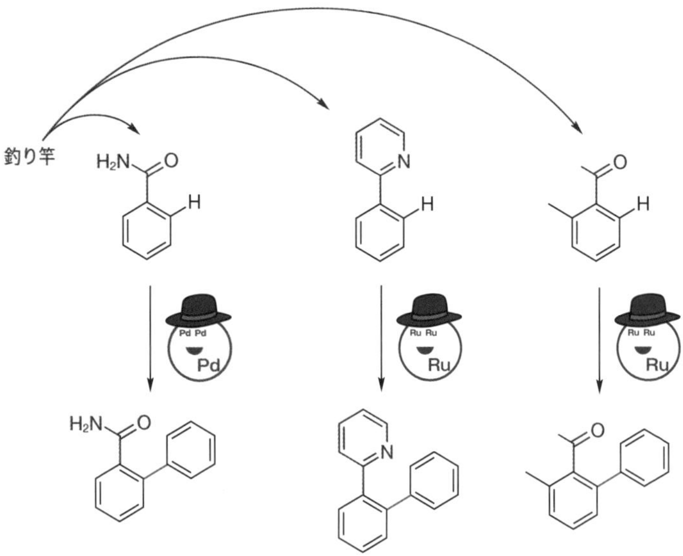

狙ったC—Hにベンゼン環をくっつけられる！

あんなに難しいと思えたことが、【配向基】のおかげで急にいろいろできるようになったんですね！！

第11週 輝く星 キース・ファニュー

勇樹　　先週は、【配向基】で金属をひっかける釣り竿作戦により、たくさんある水素(H)の中から、特定の水素(H)の位置で簡単にベンゼン環とベンゼン環をつなぐことができるようになった、って話だったね。

村井先生と当時学生だった垣内先生がブームに火をつけたんでしたよね。

勇樹　　そして、村井先生・垣内先生はもちろん、世界中にこの分野の発展を支えた研究者がいるんだ。今日はその牽引者の一人である、カナダのオタワ大学のキース・ファニュー先生の話をしよう。ファニュー先生の経歴は少し変わっていて、大学卒業後高校の教師として働いていたんだ。

キース・ファニュー（Keith Fagnou)

大学でなく、高校の先生ですか??

勇樹　そうなんだ、しかしながら、高校の教師として働く中で、どうしても研究がしたくなったようで、高校教師をやめることを決意するんだ。
そして、それまで一切の研究経験がなかったにもかかわらず、ファニュー先生は1998年にトロント大学のローテンス教授の研究室に参加し、研究者としての道を歩みはじめた。

え!?　いきなりですか？　脱サラしてラーメン屋修行するみたいな感じですね。

勇樹　そのたとえはどうかと思うが、決断の思い切りは同じようなものかもね。
ローテンス研究室で、はじめは素人同然であったファニュー先生だが、あふれる才能からすぐにメキメキと頭角を現す。ローテンス研究室の在籍期間は5年くらいにもかかわらず、そこでの研究成果は論文20報以上になる。

……えっ、大阪大学で博士取得に必要な論文数が3報でしたよね……??

勇樹　単純計算だが、ファニュー先生は、一般的な博士6〜7人分の成果を挙げてしまったことになる。すごすぎて正直よくわからない。

なんだか、漫画の主人公みたいな先生ですね。

勇樹　そしてファニュー先生は、当然のように博士の学位を取得し、オタワ大学で独立した研究室を持つことになる。
ローテンス研究室で行っていた研究もハイレベルな内容だが、独立後はさらにレベルが高い。本当に革新的な研究を行うことになるんだ。

へぇー！　どんな研究ですか??

勇樹　これまで開発されてきたカップリング反応はこんな変遷を辿ってきた。

❶ 従来の鈴木・宮浦カップリング：ホウ素試薬とアリールハライドを事前に合成しなければならなかったので3工程かかる。
❷ 水素（H）の位置に直接ベンゼン環をくっつける：工程数を2段階にショートカットできるようになった。

勇樹　そんな中ファニュー先生は、この考えをさらに進めてこんなことを言い出すんだ。

「二つのC－Hを切ってベンゼン環とベンゼン環をくっつければ、1工程の究極のビアリール合成法になるのではないか？」

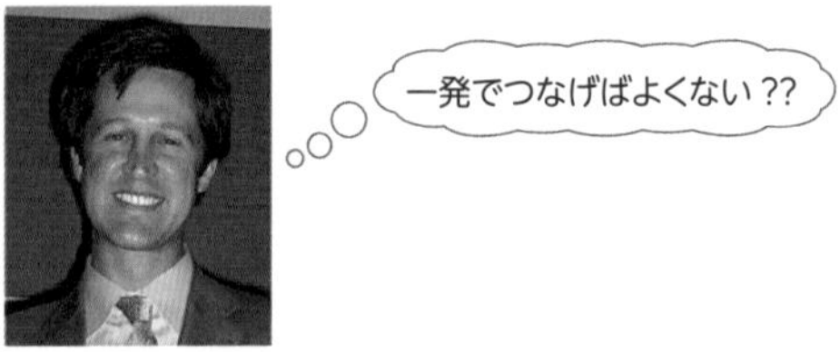

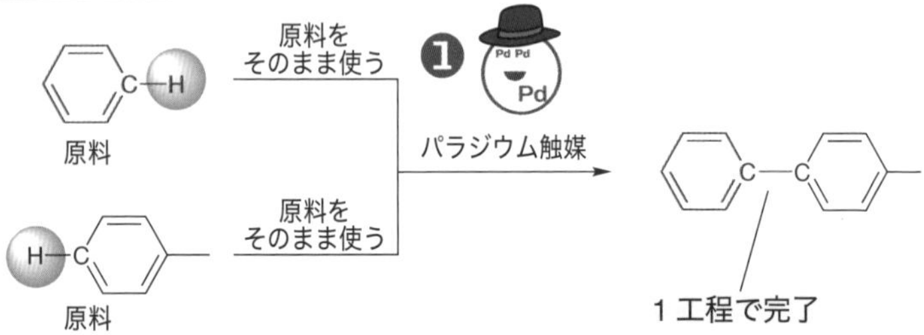

ぇぇぇ!?? そんな直接くっついちゃうんですか??

勇樹

この反応をC−H/C−Hクロスカップリングと呼ぼう。なんとなくわかるかもしれないが、この反応はめちゃくちゃ難しい。ベンゼン環Aと別のベンゼン環Bがくっつくとしても、次の図のようにA−BだけでなくA−AやB−Bもできてしまうはずだ。
実際、ヴァンヘルデン・バーバーグカップリングは同じベンゼン環しかくっつけられなかったよね。

確かに、これじゃぁ、狙い通りくっつけることができませんね。

当然起こるであろう問題

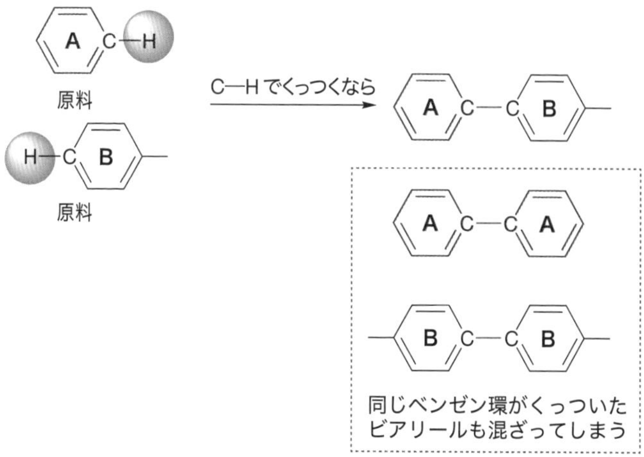

勇樹　これは明らかに解決不可能そうな問題だ。無謀すぎて誰も挑戦してこなかった、と言ってもいいほどだ。それにもかかわらず、ファニュー先生は見事にこの問題を解いてしまう[26]。

五角形ではあるがベンゼンの親戚であるインドールとベンゼンに対しパラジウム触媒を作用させると、なんと一発で非対称ビアリールができることを発見したんだ（次ページ図）。しかも、インドール同士やベンゼン同士はくっつかない。ある面においては究極のカップリング反応といってもいいだろう！

ファニュー先生が発見した方法

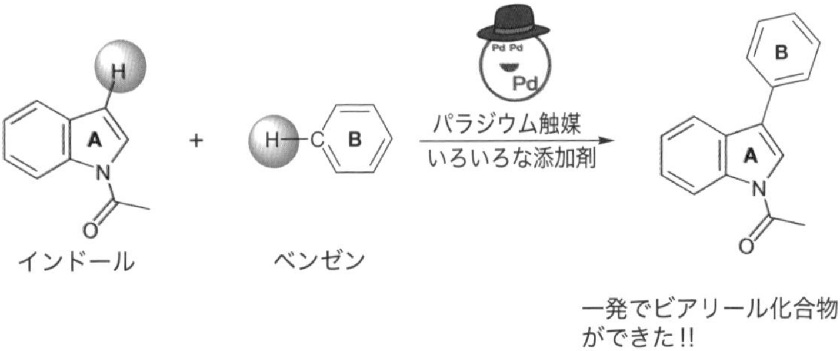

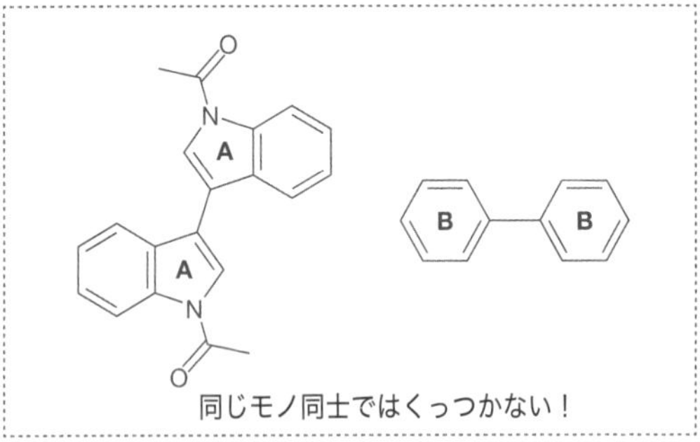

だからなんで、ベンゼン同士やインドール同士はくっつかないんですか?? イミフなんですけど!?

勇樹

その理由をしいて言うなら、パラジウムさんの働きやすい環境を整えるためにたくさんの種類の添加剤を加えているからなんだ。といっても、なぜその添加剤を加えると働きやすくなるのか詳しい理由は未だにわかっていない。

え、わかってないのにできちゃったんですか??
ファニュー先生は？

勇樹

「たぶんこうだろう」という予想はあったみたいだが、それだけでこの難しい反応を実現したことは驚異的だ。なんとなくできちゃう。天才だけがなせる業といっていいだろう。実際に、この魔法のような反応は大きな驚きを持って化学界に受け入れられた。有機化学の大きな一歩であることは間違いない。
ただ、このC−H／C−Hクロスカップリングは万能というわけでなく、つなぐことができるベンゼン環の種類は限られていて、汎用性が低いという問題点はある。

なんでもはくっつけられないってことですね。でも、そんな問題があってもファニュー先生ならなんとかしちゃうんじゃないですか??

勇樹

そのはずだった。

ん??　どういうことですか??

勇樹

ここで悲劇が起こった。
インフルエンザのためファニュー先生は2009年、38歳の若さで急逝してしまったんだ[27]。

えぇぇぇ!!??

勇樹　誰もが、これからの有機化学を背負うと予感したライジングスターとの突然の別れを惜しんだ。特に、当時素人同然だったファニュー先生をトロント大学で受け入れ、一人前の研究者に育てたローテンス先生はファニュー先生を評して、「非常に明るく、かつ現実的であり、私の研究室の歴史の中で最も生産的な人物だったと思う」「信じられないほどの才能がある科学者そして教育者であった」とコメントしていて、輝かしいファニュー先生の将来が突然閉ざされてまった事を誰よりも嘆いた。

ローテンス先生は悲しいですよね……。

勇樹　そうだね。誰よりも将来を期待した弟子が先に亡くなってしまったローテンス先生の心痛は相当なものだっただろう。

勇樹　ファニュー先生の死はあまりにも早すぎた。存命であれば取り組んでいたであろう研究も失われてしまった。しかしそれでも、ファニュー先生の残した研究成果は、今なお非常に重要であり、それが記された論文はこれからもずっと読み継がれることだろう。

まるで空に輝く星みたいに、今を生きる研究者の指針となるんですね。

第12週 定跡を外すArPTZ+

いやぁ～先生に家庭教師来てもらって2か月半くらい経ちましたけど、ベンゼン環とベンゼン環をつなげる話も随分長く聞いてきましたね。
てか、勇樹先生すごく詳しいですよね、ベンゼン環とベンゼン環をくっつける話。さすが博士課程の学生って感じです。

勇樹　**まぁ、今までの話は割と自分の研究に深く関係するところだからね。人並み以上には知識があるよ。**

ん？　勇樹先生の研究はベンゼン環とベンゼン環をつなげる話なんですか??

勇樹　**いかにも。ついこの間やっと論文誌に掲載されたよ†。**

えー！　そうなんですか!?　見せてくださいよ！

勇樹　**パソコンにPDFを入れてたはずだから……あった！　これこれ（次ページ）。**

お～……英語ですね……これ自分で書いたんですか……？

†　本章は著者の研究を勇樹が行ったという体で紹介します。お楽しみくださいませ。

ChemComm

ROYAL SOCIETY OF CHEMISTRY

COMMUNICATION

Check for updates

Cite this: *Chem. Commun.*, 2020, 56, 13995

Received 28th August 2020, Accepted 13th October 2020

DOI: 10.1039/d0cc05830k

rsc.li/chemcomm

Arylation of aryllithiums with *S*-arylphenothiazinium ions for biaryl synthesis†

Tatsuya Morofuji,[*a] Tatsuki Yoshida,[a] Ryosuke Tsutsumi,[b] Masahiro Yamanaka[b] and Naokazu Kano[*a]

Aryllithiums are one of the most common and important aryl nucleophiles; nevertheless, methods for arylation of aryllithums to produce biaryls have been limited. Herein, we report arylation of aryllithiums with *S*-arylphenothiazinium ions through selective ligand coupling of intermediary sulfuranes. Various unsymmetrical biaryls could be obtained without transition-metal catalysis.

Aryllithiums are one of the most common and important aryl nucleophiles in organic chemistry. Aryllithiums are known to react with various electrophiles, such as alkyl halides, carbonyl compounds, chlorosilanes and trimethoxyborane.[1] However, methods for arylation of aryllithums to produce biaryls are very limited. Arylation of aryllithiums based on nucleophilic aromatic substitution[2] or nucleophilic attack to aryne[3] was reported, but there were few options regarding the applicable substrates. Although a few palladium-catalyzed methods have been reported,[4] development of electrophilic arylation reagents that react with aryllithiums in the absence of transition metals is a simple but challenging problem (Fig. 1a).[5]

In sulfur chemistry, the ligand coupling of tetraarylsulfuranes (IUPAC nomenclature: tetraaryl-λ^4-sulfanes) has been reported.[6] Reaction of triarylsulfoniums with arylmetal reagents including aryllithiums affords the tetraarylsulfurane intermediate, which decomposes to the corresponding biaryls and diaryl sulfides without transition-metal catalysis (Fig. 1b).[7] However, these processes have very limited applications because the selectivity of the resulting products depends on aromatic substituents on the sulfur atom.[7b,f] One of the reasons why control of the selectivity of the ligand coupling is difficult is that conformation of sulfurane is not fixed through Berry's pseudorotation.[7a] To obtain unsymmetrical biaryls, previous ligand coupling was limited to use electron-poor heteroaromatic rings such as pyridine, azole, or quinoline as coupling partner, which promote desired ligand coupling.[7i,8] In contrast, the selective synthesis of unsymmetrical biphenyl derivatives from sulfonium salts and aryl metals is a long-standing problem.

Herein, we report that *S*-arylphenothiazinium ions can solve the problem and be used as versatile arylation reagents for aryllithiums. The reaction of aryllithiums **1** with *S*-arylphenothiazinium ions **2** selectively afforded the corresponding biaryls **3** and phenothiazine (Fig. 1c). In contrast to the transition-metal-catalyzed approach,

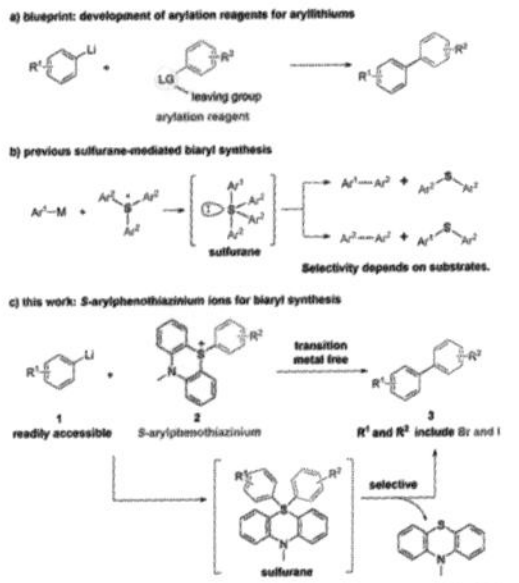

Fig. 1 Arylation of aryllithiums. (a) Our blueprint: development of arylation reagents for aryllithiums. (b) Previous work: reactivity of sulfurane and its limitation for the synthesis of biaryl. (c) This work: *S*-arylphenothiazinium ions used as electrophilic arylation reagents for synthesizing unsymmetrical biaryls.

[a] *Department of Chemistry, Faculty of Science, Gakushuin University, 1-5-1 Mejiro, Toshima-ku, Tokyo 171-8588, Japan. E-mail: tatsuya.morofuji@gakushuin.ac.jp, naokazu.kano@gakushuin.ac.jp*

[b] *Department of Chemistry, Faculty of Science, Rikkyo University, 3-34-1 Nishi-Ikebukuro, Toshima-ku, Tokyo 171-8501, Japan*

† Electronic supplementary information (ESI) available: Experimental procedures, DFT calculations, and NMR data. See DOI: 10.1039/d0cc05830k

Chem. Commun., 2020, **56**, 13995–13998 | 13995

勇樹　博士課程に行く人ならみんな書くもの。まー僕は英語得意ではないからめちゃくちゃ苦労したけどね。

博士は英語標準装備なんですね……この論文はどんな研究が書いてあるんですか？？

勇樹　**お！　嬉しいこと聞いてくれるね。この研究の話のフリとして、これまでの話を思い出そう。**
炭素マイナスのリチウム試薬と、炭素プラスのアルキルハライドの反応は、炭素と炭素がくっつくんだったね。

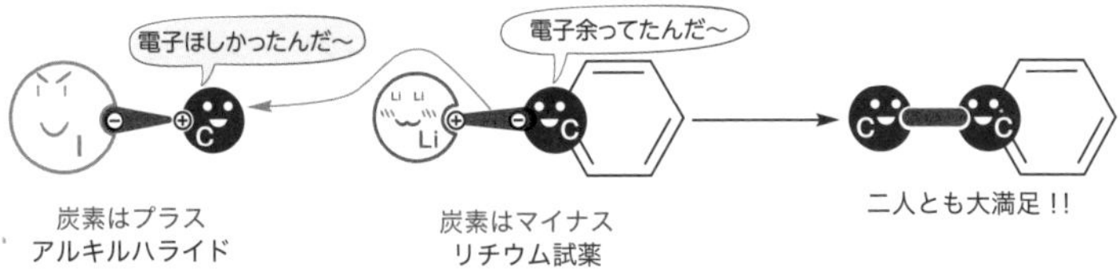

リチウム試薬が後ろから話しかけるんでしたよね。
でもアルキルハライドをアリールハライドに替えて、ベンゼン環とベンゼン環をつなげようとしても、ベンゼン環が邪魔になって、反応しないんですよね。

勇樹　**その通り。基本的にリチウム試薬やグリニャール試薬をはじめとした炭素マイナスは、アリールハライドと反応できない。**

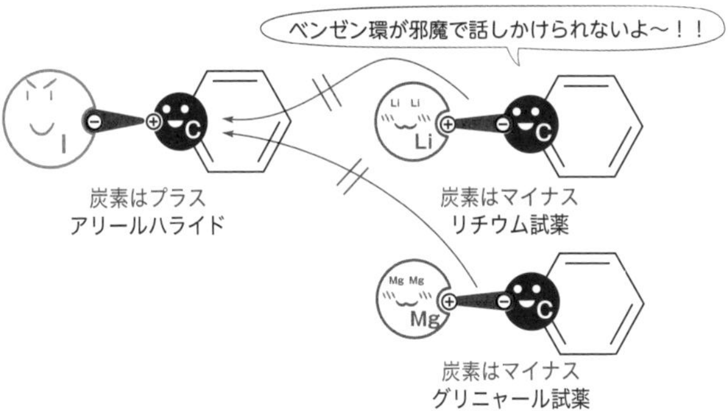

それを解決したのが、熊田・玉尾・コリューカップリングでしたね！　ニッケルさんがベンゼン環とベンゼン環をつないでくれるんですよね！！

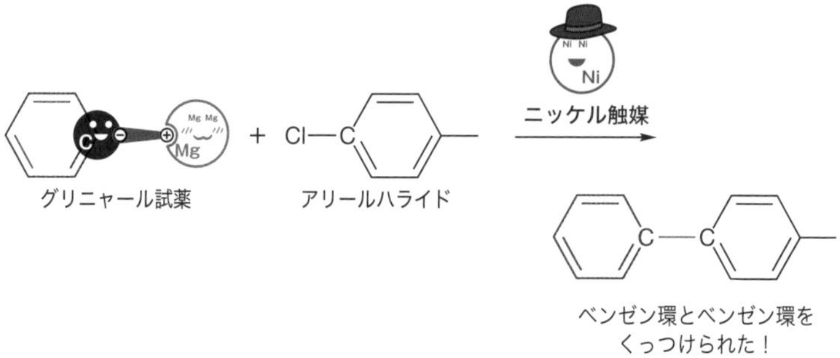

勇樹　そう。ニッケルやパラジウムをはじめとした金属触媒でベンゼン環とベンゼン環は簡単につなげるようになった。
逆にいうとベンゼン環とベンゼン環をつなげたいなら、金属触媒の助けを借りなければならない、という定跡ができたともいえる。

今までの話からすると当然ですね。

勇樹　僕が今回行った研究は、“金属触媒がなくても”ベンゼン環とベンゼン環をつなげる方法だ。

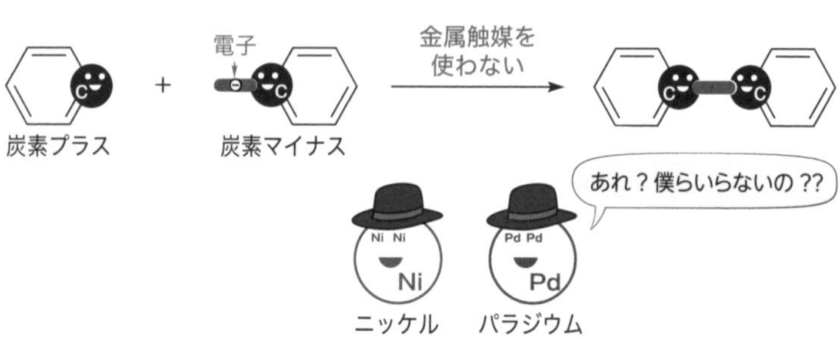

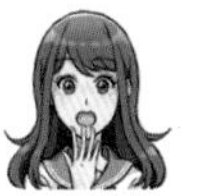

えぇ!? あの仕事人のニッケルとかパラジウムとか使わないんですか?? どうやったんですか??

勇樹

炭素プラスであるアリールハライドは、前はヨウ素が、後ろはベンゼン環がブロックして反応する隙が無いことが問題だったよね。そこで僕は、“ヨウ素よりも話を聞いてくれそうな硫黄(S)でできた炭素プラス”に注目したんだ。

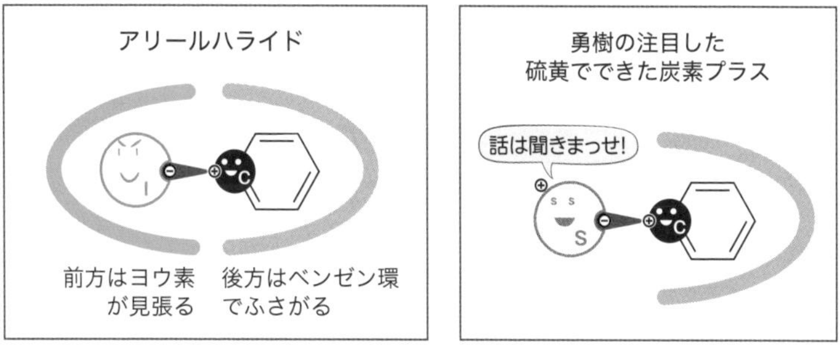
アリールハライド
前方はヨウ素が見張る
後方はベンゼン環でふさがる
勇樹の注目した硫黄でできた炭素プラス
話は聞きまっせ!
S
C

へぇ〜硫黄(S)はオープンな感じなんですね。

勇樹

炭素マイナスのリチウム試薬と、硫黄でできた炭素プラスを反応させてみよう(次ページ図)。リチウム試薬はまず硫黄とくっつく。そのあと、硫黄がちゃっかり電子もらいつつ、抜け出すことでベンゼン環とベンゼン環がくっつくんだ。

いい人そうに見えて、電子だけはとっていくんですね……。

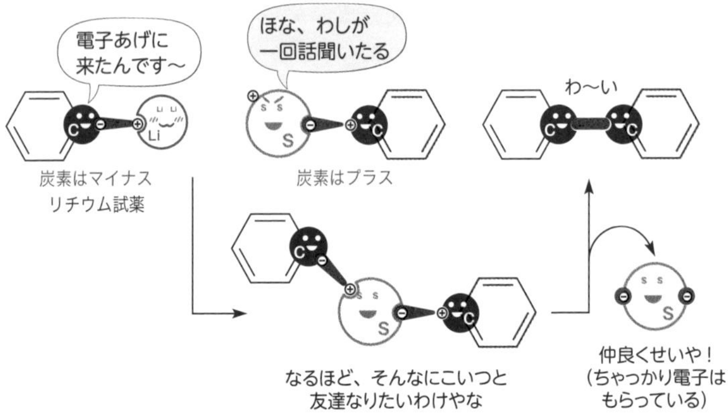
電子あげに
来たんです～
ほな、わしが
一回話聞いたる
わ～い
炭素はマイナス
リチウム試薬
炭素はプラス
なるほど、そんなにこいつと
友達なりたいわけやな
仲良くせいや！
（ちゃっかり電子は
もらっている）

勇樹　まぁ、それでも炭素たちは、お互いくっつけるから幸せだ。
具体的には、このArPTZ+という分子を使った。アリールハライドの代わりにArPTZ+を使い、リチウム試薬を反応させるとベンゼン環とベンゼン環がつながるんだ[28]。

専門的な書き方

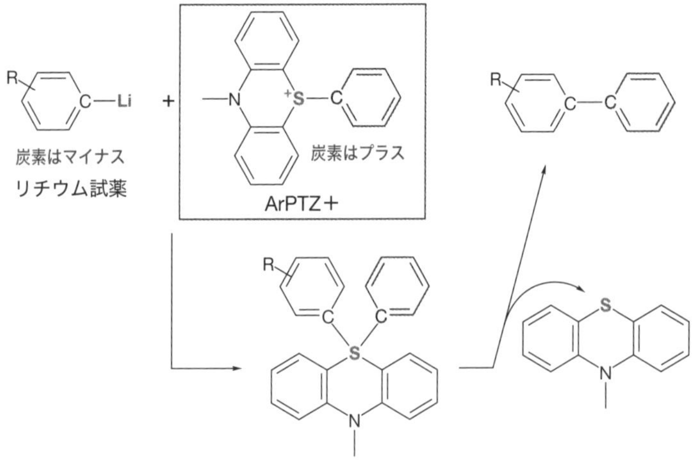
炭素はマイナス
リチウム試薬
炭素はプラス
ArPTZ＋

へぇ～！　これまでやってきたカップリング反応とは違う原理で、めちゃくちゃ簡単にベンゼン環とベンゼン環をつなぐことができるんですね！！

勇樹

ニッケルやパラジウムの助けを借りずに、ここまできれいにリチウム試薬にベンゼン環をくっつけた例はないんじゃないかな。かなりの自信作だよ。

それがこの論文４ページに書かれてると……どのくらいの時間がかかったんですか？？

勇樹

最初に取り組んでから２年くらいかかったね。なかなか紆余曲折あって大変だったなぁ～。

２年！？　半年に１ページのペースですか！？　めちゃくちゃ時間かかったんですね……例えば、どんな苦労があったんですか？？

勇樹

まずArPTZ+を見つけること自体苦労したね。次ページの図みたいにArPTZ+の構造をちょっと変えるだけで、失敗してしまうんだ。

えっ、ArPTZ+だけがうまくいくんですか？？　そっくりさんはことごとく失敗してますけど……。

勇樹

そうなんだ。いろいろ試した結果、ArPTZ+だけがうまくベンゼン環とベンゼン環をつなげられることがわかったんだ。この発見はラッキーだったね。

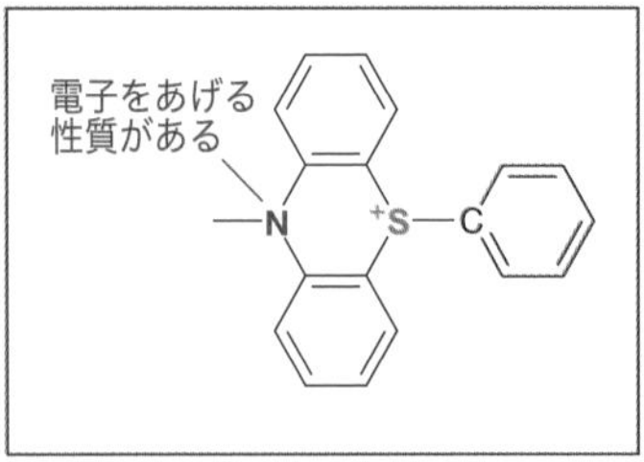

ArPTZ＋だけ成功する

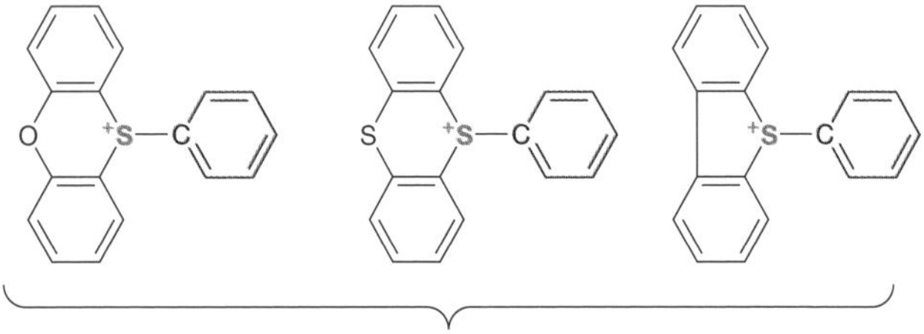

そっくりな化合物だがすべて失敗する

へぇー！　狙い通りって感じでもないんですね。やっぱり発見したときはうれしかったですか？

勇樹

そりゃーもう！　めちゃくちゃうれしいよ！！初めてベンゼン環とベンゼン環がつながっていることが分かったときは、深夜の測定室で一人、大声を出してたよ！！

もう完全に変な人ですねぇ～（笑）。
それでArPTZ＋を見つけた後はスムーズに研究が進んだんですか？

勇樹

いやいや、ArPTZ＋の発見でようやく研究が始まったイメージだ。特に論文にするためには「なぜArPTZ＋だけがベンゼン環とベンゼン環をつなげるのか？」という疑問に答えなくてはいけない。

確かに、めちゃ不思議な部分です。そっくりさんでは失敗しちゃうわけですもんね。でもその理由とかわかるんですか??

勇樹　**その理由も“計算化学”というコンピュータシミュレーションによって説明することができた。詳しく説明するとすごく専門的になるから、結論だけ簡単にいうと、ArPTZ+の窒素(N)の電子を与える性質が、ベンゼン環とベンゼン環をつなげるために重要であることがわかった。**

窒素(N)が大事だから、窒素(N)がない他のそっくりさんは失敗したんですね。

勇樹　**そういうこと。**

なんだか論文にするって大変ですね。ベンゼン環とベンゼン環をくっつけるだけでなくて、くっつく理由まで調べないといけないんですね。

勇樹　**新しいことを発見して、それを理解する。それが科学の進歩だからね。**

はぁ〜私だったら途中で心折れちゃいそうです〜。

勇樹　**確かに、2年間のほとんどは失敗で終わった。論文に載っていない失敗データは成功したデータの何十倍もある。つらい日もあったね。それでも―不思議なことだけど―研究を続けられるんだ。**

嫌にならないんですか？

勇樹

そうだねぇ、来る日も来る日も、言うことを聞かない研究の面倒を見続け、将来を案じ、少しずつ成長を重ね、他人のもとへ論文として送り出す……自分の研究は我が子のようなものだからね。手がかかる部分も含めて、かわいくなってくるものなんだよ。

まさに親心ですね。

第13週　旅は終わらない

ウルマンカップリングが1901年に発見された話から始まって、気がつけば2020年の勇樹先生の研究まで来ちゃいましたね。

勇樹　**だいぶ話したようで、全然話しきれないよな。この辺りを全部話すと、本何冊分にもなるだろうし。**
でも、大事なところはポイントポイントでわかってきたんじゃないかと思う。

このベンゼン環とベンゼン環をつなぐ旅は100年以上続いてきたわけですよね……それにしてもこの長い旅はいつ終わるんでしょうか？　10年後？　100年後??

勇樹　**いや、この旅はきっと終わらない。人間の歴史が続く限り続いていくだろう。**
完璧に見えるベンゼン環とベンゼン環のつなぎ方が見つかったとしても、後の研究者がその問題点を発見し、必ずそれを乗り越える。この営みを繰り返し続けるだろう。
そして、だからこそ、誰もがこの旅に参加できる。むしろ、途中参加し放題なんだ。実際、僕みたいな人間でも論文として4ページ書き加えられたように。

まぁ、博士課程行くくらいすごい人なら、そういうこともできるんでしょうけど……。

勇樹　いやいや、今までの話で物理や数学みたいに難しい部分あった??

ん〜、言われてみれば、なんだかんだ大体わかったかも?? 基本的にベンゼン環とベンゼン環がくっつくだけでしたからね。

勇樹　もちろん深く学ぼうとすると、途端に難しいことも出てくるけど、起こっていることは分子と分子がくっつくだけ。本当にシンプルで、そこに難しさは何もない。
でもそれは決して、有機化学が浅い学問ということを意味しない。むしろめちゃくちゃ複雑で、誰も有機化学を完全に明らかにできないまま、手探りで研究するしかないんだ。例えば、分子がくっつくかどうかは、実験して試薬を混ぜてみるまでは誰もわからない。この点は賢い人もそうでない人もほぼ平等だ。

え？　そうなんですか?? 賢い人は実験やる前からわかってそうですけど。

勇樹　反応が起こるメカニズムは本当に複雑すぎて、数学のように完全に明らかにすることは誰にもできていない。だから、どんな賢い研究者も最後はカンで試薬を混ぜてみるんだ。

えぇ〜!!　カンなんですか!?

勇樹　もちろん知識や経験のサポートはあるけどね。結局はカンだよ。狙ったことと別の分子のくっつき方が見つかることもままある。
だから、有機化学を研究するなら、どれほど賢かろうと、実験をしなければ何も新しい発見はできない。逆に、どんなに失敗しても実験を繰り返す根性があれば、何か学術的に新しいことを発見することができるだろう。その意味において、有機化学はやる気さえあれば誰にでも開かれている。

“誰にでも”ですか??

勇樹　うん。

例えば、私にでも、ですか?

勇樹　もちろん。僕は、それが有機化学という学問の良さだと思っているよ。

授業後

母　勇樹先生に来てもらってから、もう3か月くらい経ったわね〜。

うん。

母　ところで理香、あんた二学期の中間テストは大丈夫なんでしょうね?? 今度は赤点ダメよ。

……え?　うん。

母

あら？　どうしたの、あんた？　えらいボーっとしちゃって。

私、化学とかすごく苦手で嫌いだったんだよ。ややこしいし、わけわかんないし。

母

そりゃあ知ってるわよ。だから勇樹先生に来ていただいてるんじゃない。

……うん、それでね、私は赤点さえとらなければいい、と思ってたの。でも勇樹先生がね、楽しそうに毎週、有機化学の話をしてくれてね、初めて「もっと知りたいな、次はどうなるのかな？」って思ったの。学校でも習わないし、テストにも出ないようなことなのに。

母

そうね。

最初の頃は、聞いてて面白いだけでね、遠い世界の凄い人たちの話だと思っていたけど……。
でも、今日、勇樹先生が言ってたの「有機化学は誰にでも開かれている」って。
ねぇ、お母さん、私、勉強してみたいって気持ちは初めてで、よくわからないの。でも、これってすごい貴重で、大事なことだと思う。私、大学で有機化学を勉強してみたい。理系科目の成績がダメダメな私だけど……今からがんばる。だから……私、理系クラスに変えたい。

母

あら、まぁ……。

……ダメかな？

母　**いや、いいんじゃない？？　したいようにしてみれば。**

あれ、反対されると思ってた。

母　**あんたがやりたいようにするのが一番いいのよ。**
でも！　浪人は一年までね♪

もう～なんで落ちる前提なんだよ～！

母　**失敗したとしても長い目で見る親心よ。**

親心か……。ふふ、さすが！　研究者だね。

母　**？　どういうこと？**

なんでもない！！　ねぇ、そういえば、お母さんの大学生時代の研究の話聞かせてよ！

文献

［1］ Ullmann, F.; Bielecki, J. *Ber. Dtsch. Chem. Ges.* **1901**, *34*, 2174.

［2］ Uchino, M.; Yamamoto, A.; Ikeda, S. *J. Organomet. Chem.* **1970**, *24*, C63.

［3］ 村橋俊一・山本明夫・野依良治編『均一系触媒反応設計のための戦略—21世紀を担う化学者へ（化学増刊124)』化学同人、1995年、5。

［4］ (a) Tamao, K.; Sumitani, K.; Kumada, M. *J. Am. Chem. Soc.* **1972**, *94*, 4374. (b) Knappke, C. E. I.; Jacobi Von Wangelin, A. *Chem. Soc. Rev.* **2011**, *40*, 4948.

［5］ (a) Grignard, V. *C. R. Acad. Sci.* **1900**, 1322. (b) Seyferth, D. *Organometallics* **2009**, *28*, 1598.

［6］ Corriu, R. J. P.; Masse, J. P. *J. Chem. Soc., Chem. Commun.* **1972**, 144a.

［7］ 新しい研究において、この問題は部分的には解決されている。Martin, R.; Buchwald, S. L. *J. Am. Chem. Soc.* **2007**, *129*, 3844.

［8］ (a) Negishi, E.; King, A. O.; Okukado, N. *J. Org. Chem.* **1977**, *42*, 1821.

［9］ (a) Miyaura, N.; Yamada, K.; Suzuki, A. *Tetrahedron Lett.* **1979**, *20*, 3437. (b) Suzuki, A. *Angew. Chem. Int. Ed.* **2011**, *50*, 6722.

［10］ 北海道大学学術成果コレクションHUSCAPレター **2010**, *18*.

［11］ Frederick, M. O.; Kjell, D. P. *Tetrahedron Lett.* **2015**, *56*, 949.

［12］ Pan, G.; Zhao, L.; Xiao, N.; Yang, K.; Ma, Y.; Zhao, X.; Fan, Z.; Zhang, Y.; Yao, Q.; Lu, K.; Yu, P. *Eur. J. Med. Chem.* **2016**, *122*, 674.

［13］ Wang, Z.; Zheng, C.; Fu, W.; Xu, C.; Wu, J.; Ji, B. *New J. Chem.* **2017**, *41*, 14152.

［14］ Kirsch, P.; Bremer, M. *Angew. Chem. Int. Ed.* **2000**, *39*, 4216.

［15］ Spicer, C. D.; Triemer, T.; Davis, B. G. *J. Am. Chem. Soc.* **2012**, *134*, 800.

［16］ 有機合成化学協会編『化学者たちの感動の瞬間　興奮に満ちた51の発見物語』化学同人、2006年、112。

［17］ Communication in Science & Technology Education & Research Program「2010年ノーベル化学賞受賞・鈴木章名誉教授の業績について」（https://costep.open-ed.hokudai.ac.jp/costep/contents/article/341/）
［18］ Tamao, K.; Hiyama, T.; Negishi, E.-I. *J. Organomet. Chem.* **2002**, *653*, 1.
［19］ The Nobel Prize organization, The Nobel Prize in Chemistry 2010 summary.（https://www.nobelprize.org/prizes/chemistry/2010/summary/）
［20］ Van Helden, R.; Verberg, G. *Recl. Trav. Chim. Pays-Bas* **1965**, *84*, 1263.
［21］（a）有機合成化学協会編『化学者たちの感動の瞬間　興奮に満ちた51の発見物語』化学同人、2006年、119。（b）Chem-Station「有機合成の進む道～先駆者たちのメッセージ～」（https://www.chem-station.com/blog/2010/09/post-190.html）
［22］（a）Kakiuchi, F.; Kawasaki, Y.; Enomoto, N.; Akita, H.; Ohe, K.; Chatani, N.; Kurosawa, H.; Murai, S. *Organometallics* **1991**, *10*, 2056.（b）Kakiuchi, F.; Ohe, K.; Chatani, N.; Kurosawa, H.; Murai, S.; Kawasaki, Y. *Organometallics* **1992**, *11*, 752.（c）Kakiuchi, F.; Murai, S.; Kawasaki, Y. *Organometallics* **1992**, *11*, 4352.
［23］ Murai, S.; Kakiuchi, F.; Sekine, S.; Tanaka, Y.; Kamatani, A.; Sonoda, M.; Chatani, N. *Nature* **1993**, *366*, 529.
［24］ Satoh, T.; Kawamura, Y.; Miura, M.; Nomura, M. *Angew. Chem. Int. Ed. Engl.* **1997**, *36*, 1740-1742.
［25］（a）Li, D.-D.; Yuan, T.-T.; Wang, G.-W. *J. Org. Chem.* **2012**, *77*, 3341.（b）Oi, S.; Fukita, S.; Inoue, Y. *Chem. Commun.* **1998**, 2439.（c）Kakiuchi, F.; Kan, S.; Igi, K.; Chatani, N.; Murai, S. *J. Am. Chem. Soc.* **2003**, *125*, 1698.
［26］ Stuart, D.; Fagnou, K. *Science* **2007**, *316*, 1172.
［27］ CBC, Ottawa ‘star’ researcher mourned after H1N1 death.（https://www.cbc.ca/news/canada/ottawa/ottawa-star-researcher-mourned-after-h1n1-death-1.861706）
［28］ Morofuji, T.; Yoshida, T.; Tsutsumi, R.; Yamanaka, M.; Kano, N. *Chem. Commun.* **2020**, *56*, 13995.

あとがき

「何の研究してるんですか？」

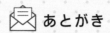

学生時代から、初めて会った人に大学で研究していることを伝えると、だいたいこんなことを聞いてくれます。食いついていただいて非常にありがたいのですが、いつも答えに困ってしまいます。「ベンゼン環とベンゼン環をくっつける研究をしているんですよ！」と言っても、本書を読んでいない人に、その意義や面白さは伝わりません。それらを伝えるためには、本書を通して綴ってきたように、どうしても話が長くなってしまいます。

物理の語る「この世の真理」、数学の語る「絶対の証明」、天文学の語る「宇宙のロマン」、生物学の語る「生命の神秘」、みたいな壮大かつ端的なキャッチフレーズが、有機化学にはなかなか見当たりません。

でも、有機化学の魅力をたくさんの人に
知ってほしい。
そんなエゴで本書を執筆しました。

本書の１章から７章にかけて述べてきた、今では古典的と言われるカップリング反応開発の歴史は、有機化学史における一大スペクタクルです。「ベンゼン環とベンゼン環をつなぐ」という、それだけの問題に、どれほどたくさんの研究者が心血を注いできたかがご理解いただけたのではないかと思います。

また8章から11章は、鈴木・宮浦カップリングで完成に思えたこの分野の近代的な発展について紹介してきました。この分野は現在でもなお発展し続けており、有機化学最新研究のメインストリームの一つといえるでしょう。

そして、最後の12章で著者自身の研究について述べました。「勇樹が行った」という点のみフィクションになるわけですが、それ以外はノンフィクションです。先人たちの偉大な成果に比べると小さな成果かもしれません。しかし、現在でもこの「ベンゼン環とベンゼン環をつなぐ」という超シンプルな問題に取り組んでいる人間がいることを、自ら伝えたかったのです。これは、「この問題はいまだ完全解決されておらず、むしろ今から誰でも取り組むことができる」ということを意味します。

**つまり、
有機化学は誰にでも開かれているのです。**

有機化学はごく一部の天才たちだけのものではありません。小難しい理屈は最悪後回しにしてもよく、テキトーに混ぜた試薬が誰も見たことない形で反応すれば、そのまま学術的発見になって、論文になるのです。誰でも参加することができます。こんな理系学問は有機化学以外あまりないのでは……？

**私はそんな、誰にでも開かれた有機化学
という学問が好きです。**

なので、高校生や大学生の読者もいるかと思いますが、そういった方は、ぜひ有機化学を進路の候補の一つとして考えてみて欲しいです。実験漬けの日々は大変ですが、面白いですよ。
もちろん、直接有機化学に参加することが難しいであろう社会人の方も、どうかちょっとでも有機化学に興味を持っていただ

けると幸いです。気をつけてみると、思っている以上に、有機化学は日常にあふれています。それがたくさんの研究者たちの努力の結晶であることを理解したうえで周りを見回すと、ちょっと世界がリッチに見えるはずです。

そういったことが感じられそうな、有機化学が関係する面白い本もたくさんでています。

- 『ラブ・ケミストリー』（宝島社）
- 『有機化学美術館へようこそ——分子の世界の造形とドラマ』（技術評論社）
- 『炭素文明論—「元素の王者」が歴史を動かす—』（新潮社）

どうか、有機化学が、
皆様の日常の彩（いろどり）になりますように。

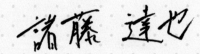

2021年12月

諸藤 達也

Special Thanks

本書は多くの方に支えられ出版することができました。

私のわがままをなんでも聞いてくださり、さらに的確な助言をくださり続けた編集の内山亮子さん。

理香のキャラクターデザインをしていただき、ステキな装画を書いていただいた矢野恵さん。

私の落書きのようなイラストを、嘘のように美しくわかりやすくしていただいた関和之さん、原田鎮郎さん。

装丁と紙面をポップに可愛くデザインしていただいたクニメディア株式会社さん。

写真を提供していただいた、硯里善幸先生、玉尾皓平先生、穐田宗隆先生、北海道大学、ノーベル財団、村井眞二先生、垣内史敏先生、三若純薬研究所の方々。

12章の内容をともに研究した吉田起大君。

本当に感謝申し上げます。

そして、本書を読んでくれたあなたに感謝申し上げます。

著 者 略 歴

諸藤　達也（もろふじ　たつや）

京都大学大学院工学研究科で博士の学位を修めたのち、花王株式会社研究員、学習院大学助教を経て、2022年より化学メーカーに勤務。20報以上の論文を国際誌に発表している。研究者として論文を執筆する傍ら、YouTubeにおいて有機化学の講義動画や、日常に関する化学雑学を230本以上配信している。
化学コミュニケーション賞2021を受賞。
専門は有機化学。

文系でも3時間でわかる 超有機化学入門
—研究者120年の熱狂—

2021年12月15日　第1版1刷発行
2024年 5 月20日　第1版4刷発行

検印省略

定価はカバーに表示してあります.

著作者	諸 藤 達 也
発行者	吉 野 和 浩
発行所	東京都千代田区四番町8-1 電 話　03-3262-9166（代） 郵便番号　102-0081 株式会社 裳 華 房
印刷所	中央印刷株式会社
製本所	牧製本印刷株式会社

一般社団法人
自然科学書協会会員

ISBN 978-4-7853-3519-9